职业技术·职业资格培训教材

护林工
（初级）

Hu lin gong

主　编　秦　梁
编　者　秦　梁　潘其云　夏冬明
主　审　戴咏梅

中国劳动社会保障出版社

图书在版编目(CIP)数据

护林工:初级/秦梁主编. —北京:中国劳动社会保障出版社,2008
职业技术·职业资格培训教材
ISBN 978-7-5045-6846-5

Ⅰ.护… Ⅱ.秦… Ⅲ.森林保护-技术培训-教材 Ⅳ.S76

中国版本图书馆 CIP 数据核字(2008)第 037202 号

中国劳动社会保障出版社出版发行
(北京市惠新东街1号 邮政编码:100029)
出版人:张梦欣

*

北京市艺辉印刷有限公司印刷装订 新华书店经销
787毫米×1092毫米 16开本 11.5印张 228千字
2008年4月第1版 2022年2月第12次印刷
定价:21.00元

读者服务部电话:(010) 64929211/84209101/64921644
营销中心电话:(010) 64962347
出版社网址:http://www.class.com.cn

版权专有 侵权必究

如有印装差错,请与本社联系调换:(010) 81211666
我社将与版权执法机关配合,大力打击盗印、销售和使用盗版图书活动,敬请广大读者协助举报,经查实将给予举报者奖励。
举报电话:(010) 64954652

内 容 简 介

本教材由劳动和社会保障部教材办公室、上海市职业培训研究发展中心依据上海1+X职业技能鉴定细目——护林工（国家职业资格五级）组织编写。本教材从强化培养操作技能，掌握一门实用技术的角度出发，较好地体现了本职业当前最新的实用知识与操作技能，对于提高从业人员基本素质，掌握初级护林工的核心知识与技能有直接的帮助和指导作用。

本教材主要内容包括：树木栽植、森林养护、林政法规应用等。为便于读者掌握本教材的重点内容，教材每单元后附有操作技能训练、单元测试题及答案，全书后附有知识考核模拟试卷和技能考核模拟试卷及答案，用于检验和巩固所学知识与技能。

本教材可作为护林工（国家职业资格五级）职业技能培训与鉴定考核教材，也可供全国中、高等职业技术院校师生，以及相关专业人员进行岗位培训、就业培训使用。

前 言

职业资格证书制度的推行，对广大劳动者系统地学习相关职业的知识和技能，提高就业能力、工作能力和职业转换能力有着重要的作用和意义，也为企业合理用工以及劳动者自主择业提供了依据。

随着我国科技进步、产业结构调整以及市场经济的不断发展，特别是加入世界贸易组织以后，各种新兴职业不断涌现，传统职业的知识和技术也越来越多地融进当代新知识、新技术、新工艺的内容。为适应新形势的发展，优化劳动力素质，上海市劳动和社会保障局在提升职业标准、完善技能鉴定方面做了积极的探索和尝试，推出了1+X的鉴定考核细目和题库。1+X中的1代表国家职业标准和鉴定题库，X是为适应上海市经济发展的需要，对职业标准和题库进行的提升，包括增加了职业标准未覆盖的职业，也包括对传统职业的知识和技能要求的提高。

上海市职业标准的提升和1+X的鉴定模式，得到了国家劳动和社会保障部领导的肯定。为配合上海市开展的1+X鉴定考核与培训的需要，劳动和社会保障部教材办公室、上海市职业培训研究发展中心联合组织有关方面的专家、技术人员共同编写了职业技术·职业资格培训系列教材。

职业技术·职业资格培训教材严格按照1+X鉴定考核细目进行编写，教材内容充分反映了当前从事职业活动所需要的最新核心知识与技能，较好地体现了科学性、先进性与超前性。聘请编写1+X鉴定考核细目的专家，以及相关行业的专家参与教材的编审工作，保证了教材与鉴定考核细目和题库的紧密衔接。

职业技术·职业资格培训教材突出了适应职业技能培训的特色，按等级、分模块单元的编写模式，使学员通过学习与培训，不仅能够有助于通过鉴定考核，而且能够有针对性地系统学习，真正掌握本职业的实用技术与操作技能，从而实现我会做什么，而不只是我懂什么。每个模块单元所附单元测试题和答案用于检验学习效果，教材后附本级别的知识考核模拟试卷和技能考核模拟试卷，使受培训者巩固提高所学知识与技能。

  本教材虽结合上海市对职业标准的提升而开发，适用于上海市职业培训和职业资格鉴定考核，同时，也可为全国其他省、市（区）开展新职业、新技术职业培训和鉴定考核提供借鉴或参考。

  新教材的编写是一项探索性工作，由于时间紧迫，不足之处在所难免，欢迎各使用单位及个人对教材提出宝贵意见和建议，以便教材修订时补充更正。

劳动和社会保障部教材办公室
上海市职业培训研究发展中心

目　录

- 绪论
- 第1单元　树木栽植
  - 1.1 树木识别 …………………………………………… 5
    - 1.1.1 植物形态基础知识 ………………………… 5
    - 1.1.2 植物分类 …………………………………… 9
  - 1.2 树木栽植 …………………………………………… 35
    - 1.2.1 土壤准备 …………………………………… 35
    - 1.2.2 栽植管理 …………………………………… 40
  - 操作技能训练 ……………………………………………… 45
  - 单元测试题 ………………………………………………… 47
  - 单元测试题答案 …………………………………………… 56
- 第2单元　森林养护
  - 2.1 肥水管理 …………………………………………… 61
    - 2.1.1 土壤与肥料基础知识 ……………………… 61
    - 2.1.2 施肥技术 …………………………………… 69
    - 2.1.3 排水与灌溉 ………………………………… 71
  - 2.2 森林病虫害防治 …………………………………… 74
    - 2.2.1 森林病害 …………………………………… 74
    - 2.2.2 森林害虫 …………………………………… 82
    - 2.2.3 森林病虫害防治原理及技术措施 ………… 90
    - 2.2.4 农药基础知识 ……………………………… 93
  - 2.3 森林防火 …………………………………………… 101
    - 2.3.1 林火原理 …………………………………… 101

2.3.2 林火预防 …………………………………………… 103
2.3.3 森林火灾扑救 ………………………………………… 105
2.3.4 营林安全用火 ………………………………………… 108
操作技能训练 ……………………………………………… 109
单元测试题 ………………………………………………… 111
单元测试题答案 …………………………………………… 126

第3单元 林政法规应用

3.1 森林法基础 …………………………………………… 131
3.1.1 森林法概述 …………………………………………… 131
3.1.2 违反森林法规的法律责任 …………………………… 133
3.2 森林病虫害防治条例（节选）………………………… 141
3.2.1 森林病虫害的预防 …………………………………… 141
3.2.2 森林病虫害的除治 …………………………………… 142
3.3 国家造林技术规程 …………………………………… 143
3.3.1 林种确定 ……………………………………………… 143
3.3.2 树种选择 ……………………………………………… 144
3.3.3 造林整地 ……………………………………………… 145
3.3.4 造林方法 ……………………………………………… 146
3.3.5 造林季节 ……………………………………………… 147
3.3.6 抚育管护 ……………………………………………… 147
单元测试题 ………………………………………………… 148
单元测试题答案 …………………………………………… 151

知识考核模拟试卷（一）……………………………………… 152

知识考核模拟试卷（二） ………………………………………… 157
知识考核模拟试卷（一）答案 …………………………………… 162
知识考核模拟试卷（二）答案 …………………………………… 163
技能考核模拟试卷（一） ………………………………………… 164
技能考核模拟试卷（二） ………………………………………… 166
技能考核模拟试卷（一）评分表及答案 ………………………… 168
技能考核模拟试卷（二）评分表及答案 ………………………… 171

参考文献 …………………………………………………………… 174

绪　　论

　　森林是指大量密集生长的乔木彼此之间及其与其他生物（植物、动物和微生物等）和非生物环境之间密切联系、相互影响，共同形成的统一体。

　　森林是以乔木为主体的植物群落，也是一种以乔木为主体的生态系统。

　　自改革开放以来，党中央、国务院对造林绿化极为重视，先后就林业工作作出了一系列重大决策，有力地促进了林业的发展。1979年国家颁布了《中华人民共和国森林法》，并确定了每年的3月12日为我国的植树节。1981年颁布了《关于保护森林、发展林业若干问题的决定》，同年年底，全国人大又通过了《关于开展全民义务植树运动的决定》，这是我国对绿化造林事业作出的一个伟大创举，是一项重大的战略举措。2003年6月25日，党中央、国务院又作出了《关于加快林业发展的决定》，这是党和政府根据我国经济发展的新阶段、新需要、新目标，加快林业发展作出的新的战略决定，是全面建设小康社会伟大实践中林业建设的思想指南和行动纲领，对我国林业进一步发展必将产生巨大的推动作用和深远的历史意义。

　　我国绿化造林事业在全党全国人民的高度重视下，经过二十多年的努力，取得了前所未有的发展。根据第六次全国森林资源清查可知，截至2003年，中国目前森林面积为1.75亿公顷，森林覆盖率18.21%，森林蓄积124.56亿立方米。人工林保存面积0.53亿公顷，即7.95亿亩，蓄积15.05亿立方米，人工林面积居世界首位。林业为国家经济建设和生态状况改善作出了重要贡献，对促进现代农业和农林经济发展、增加农民收入、建设社会主义新农村发挥着越来越重要的作用。

　　对上海市来讲，护林工主要是指从事城市森林养护和管理的人员。

　　城市森林是指在城市地域内以改善城市生态环境为主，促进人与自然相互协调，满足社会发展需求，由以树木为主体的植被及其所在的环境所构成的森林生态系统，是城市生态系统的重要组成部分，具体是指城市地域内以森林绿地为主的各种树木总和。

　　城市森林就是城市环境里所有的树木，是一系列街区林木的总和，也包括了郊区的人工片林和残存的自然森林。城市森林的功能很多，从美学角度来看，它可以营造美丽的景观；从与人类的密切关系来看，能对人的心理、生理产生影响。

　　20世纪90年代以前，上海市区每年新建公共绿地只有数十公顷。自"九五"以来，上海绿化和森林建设快速发展，新建了上海野生动物园、世纪公园、黄兴公园、太平桥绿地、陆家嘴中心绿地等一大批公园和开放式大型公共绿地，市区绿化覆盖率、森林覆盖率和人均公共绿地面积稳步提高。截至2006年年底，上海市人均公共绿地11.5 m²，绿化覆盖率37.3%，森林覆盖率11.63%。林地建设已呈现出规模化、工程化、社会化、多样化和产业化的新特点。为了建设"生态城市、绿色上海"，近年来，上海市绿化与林业建设将重点推进"一环二区一岛"生态绿化建设，"一环"即外环生态建设专项；"二区"即中心城区、世博园区绿化；"一岛"即崇明生态岛。2007年计划新建绿地1 000万平方米，其中公共绿地500万平方米，完成造林3万亩。"十一五"期间，上海不仅要拥有绿地面积逐年快速递增的"数量"，更要拥有更加环保、造福于民的"质量"。到2010年，中心城区人均公共绿地面积13 m^2，绿化覆盖率38%，全市森林覆盖率14%。上海绿化与林业在增长方式上，要由重数量、重指标为主向重质量、重功能转变，实现集约发展；在区域推动上，由城、郊二元推进为主向城乡联动、整体推进转变，实现均衡发展；在管理模式上，由建设型、粗放型向公共服务型转变，实现和谐发展；在结构布局上，由绿地建设为主向绿地、林地、湿地融合提升转变，实现系统发展。

进入21世纪后，"让森林走进城市、让城市融入森林"已成为提升城市形象和竞争力、推动区域经济持续健康发展的新理念。同时，城市森林建设也形成了以花草林木构筑景观多样性、生态系统多样性和生物物种多样性的特征。城市建设布局应与城市林业有机结合起来，体现城区绿岛、城边绿带、城郊森林的特色；将"林网化"建设与"水网化"建设有机结合起来，以期在发挥森林净化水体作用的同时，较好地利用城市水体改善森林生长环境；将重点林业工程与城市森林建设有机结合起来，共同构建国土生态安全体系。

新时期我国城市林业发展，一定要尊重科学，坚持以人为本、人与自然和谐相处的原则，构建以林木为主体、森林与其他植被有机结合的绿色生态圈，形成城区公园及园林绿地、河流道路林网、近郊远郊森林公园及自然保护区协调配置的城市森林生态网络体系。

第 1 单元

树 木 栽 植

1.1 树木识别 /5
1.2 树木栽植 /35

1.1 树木识别

1.1.1 植物形态基础知识

自然界的植物多种多样，现在已知植物种类约 50 万种，其形态结构千差万别，但它们还是有着共同的特点，即植物体都是由细胞构成的，植物的生命活动也是通过细胞的生命活动体现出来的。

1. 植物的细胞和组织

（1）植物细胞

1）概念。细胞是生物有机体构造和生命活动的基本单位。植物细胞形状多样，多数细胞直径在 10~100 μm 之间，很微小。

2）基本结构。植物细胞形状和大小虽然各不相同，但其基本构造是一样的，都是由细胞壁、原生质体和液泡三部分构成的，如图 1—1 所示。

①细胞壁。细胞壁是植物细胞特有的结构，是植物细胞的外壳，起着支持和保护原生质体的作用。

②原生质体。原生质体是细胞内全部具有生命活动的物质的总称，是细胞的主要部分，由细胞膜、细胞质、细胞核及其他细胞器（叶绿体）等组成。

③液泡及其内含物。液泡是植物细胞特有的结构，起着控制水分出入和储藏养分的作用。

（2）植物组织

1）概念。组织是指发育的器官中来源相同、形态结构相似、相互联系在一起，执行共同生理机能的细胞群。

2）类型。植物组织根据其来源、形态、结构和功能的不同分为分生组织、薄壁组织、保护组织、输导组织、机械组织和分泌组织等。

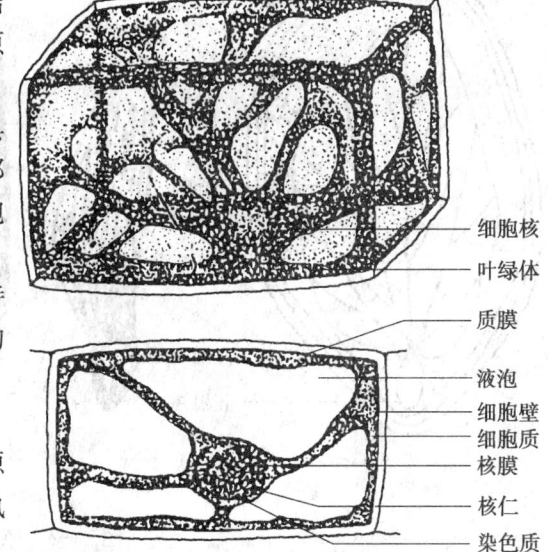

图 1—1　植物细胞的基本结构

①分生组织。分生组织是指由具有分裂能力的细胞组成的组织。植物的根、茎的伸长、加粗，都与此组织有直接关系。

②薄壁组织。薄壁组织是指遍布植物体各个部位，具有同化、储藏、通气和吸收等功能的组织。

③保护组织。保护组织是指分布在各器官的表面，起保护作用，能减少植物体内水分

的散失，防止机械损伤和病虫侵入的组织。

④输导组织。输导组织是指由管状细胞上下连接而成，运输水分、无机盐和有机养料的组织。

⑤机械组织。机械组织是指细胞壁增厚，支撑和巩固植物体的组织。

⑥分泌组织。分泌组织是指存在于某些植物体的表面或体内，能够产生某些特殊物质的组织。

2. 植物的器官

（1）概念。植物器官是指由多种不同的组织构成的，具有一定形态结构和生理功能的一部分植物体。根、茎、叶是植物的营养器官，花、果实、种子是植物的生殖器官。

（2）种子和幼苗

1）种子。种子是指由前一代植物的胚珠受精后发育而来的生殖器官，如图1—2所示。不同植物的种子，在形状、大小、色泽、硬度等方面都有很大的差异。

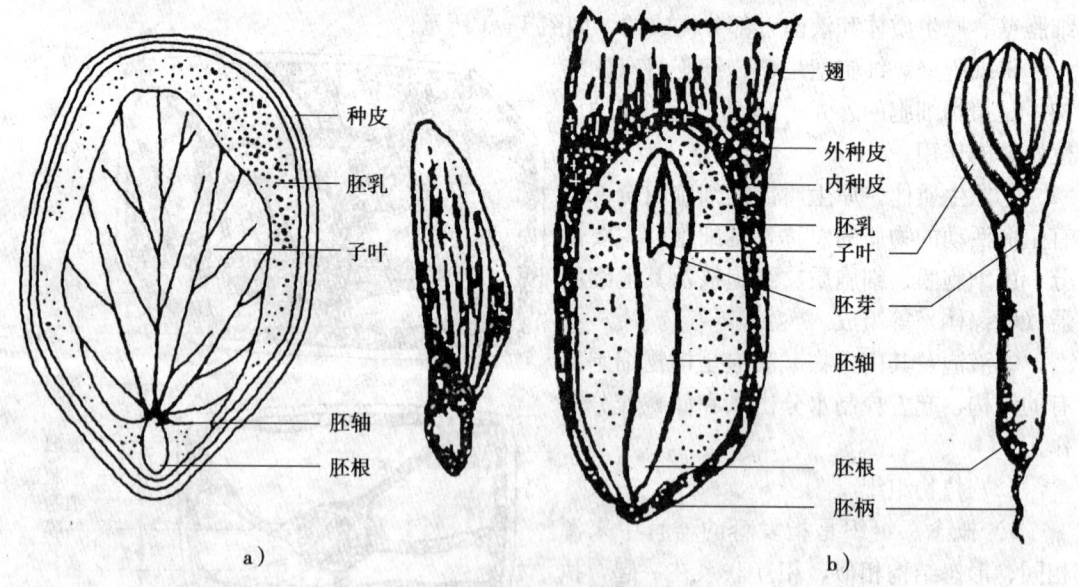

图1—2 种子的构造
a）纵切面 b）松树种子

种子一般由种皮、胚和胚乳三部分组成。胚是种子最重要的部分，是包在种子内的幼小植株，它由胚芽、胚根、胚轴和子叶四部分组成。

2）幼苗。幼苗是指由种子的胚生长成具有根、茎、叶的幼小植物。各种植物有不同形态的幼苗，主要有子叶出土和子叶留土两种类型。

（3）植物的根

1）种类

①主根。主根是指由种子的胚根发育而成的根。

②侧根。侧根是指由主根上发出的支根。

2）根系。根系是指每株植物根的总称。根系分为直根系和须根系两种基本类型，如图1—3所示。

①直根系。直根系是指主根发达，能明显地区分出主根和侧根的根系。如香樟、月季等多数双子叶植物的根系。

②须根系。须根系是指主根不发达或早期停止生长，由茎的基部胚轴上产生大量粗细相近的呈丛生状态的根系。如棕榈、竹类等。

3）功能。根的主要功能是固定植物、吸收水分和无机盐。

（4）植物的茎

1）形态。茎是植物地上部分的主干，常具有许多反复分枝的侧枝。在茎上着生叶、花和果。

通常把带叶茎称为枝条，如图1—4所示。枝条着生叶的部位称为节。叶与枝条之间形成的夹角称为叶腋。枝条顶端和叶腋处生有顶芽和腋芽。芽活动生长形成分枝。芽是枝、叶、花的原始体。

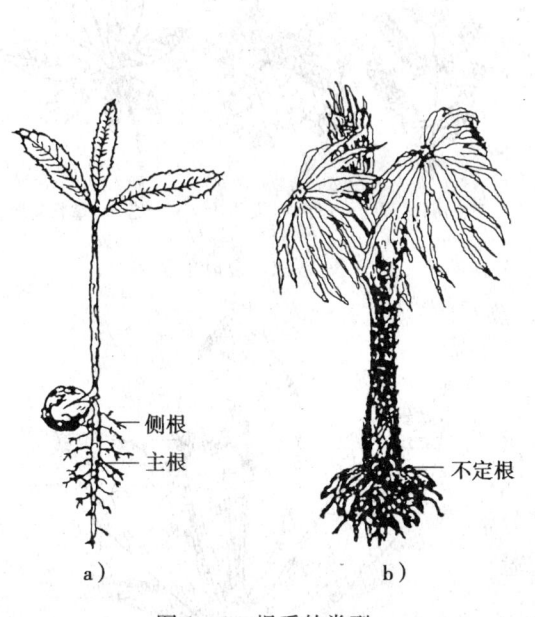

图1—3 根系的类型
a）直根系（麻栎） b）须根系（棕榈）

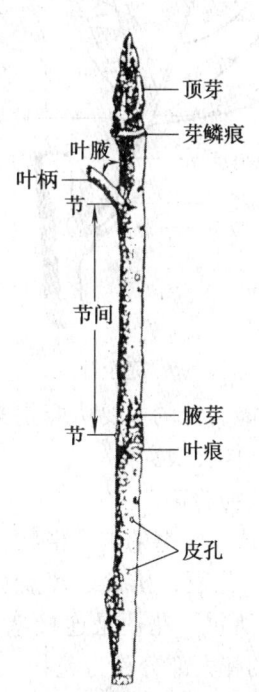

图1—4 植物的枝条

2）功能。茎的主要功能是起支持和输导作用。

（5）植物的叶

1）形态。一般植物的叶由叶片、叶柄和托叶三部分组成。完全具备这三部分的叶称为完全叶（见图1—5），如月季等；缺少其中任何一部分的叶称为不完全叶，如樟树等。

叶分为单叶和复叶两类。一个叶柄上只生一个叶片的称为单叶,如杨树等;如果一个叶柄上着生两个或两个以上小叶片的称为复叶(见图1—6),如月季(羽状复叶)、七叶树(掌状复叶)等。

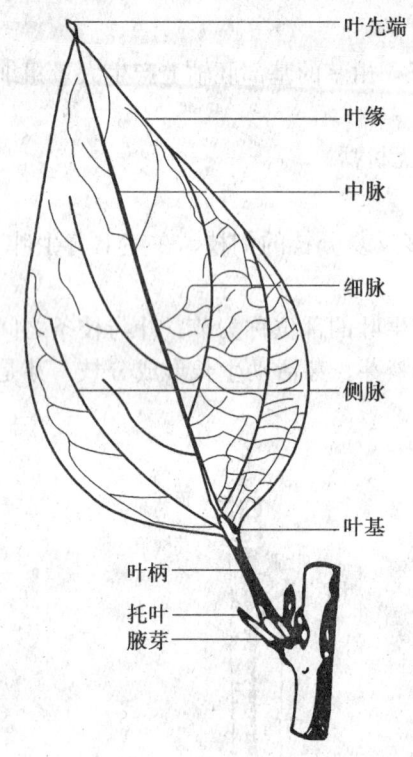

图1—5 完全叶

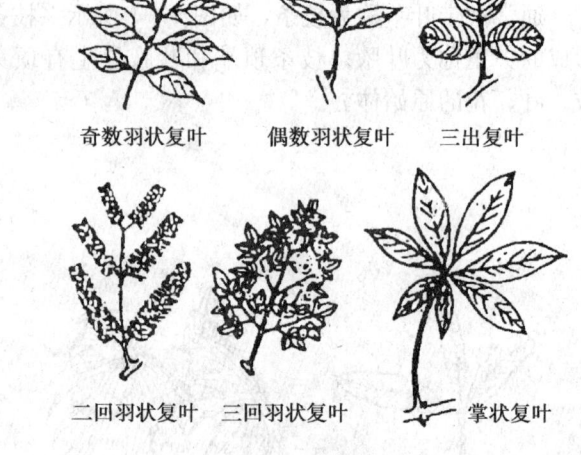

图1—6 复叶的类型

2)功能。叶的主要功能是光合作用、蒸腾作用和气体交换。

(6)植物的花

1)组成。典型的被子植物花由花柄、花托、花萼、花冠、雄蕊、雌蕊六部分组成,如图1—7所示。花梗是连接茎与花的部分,花梗顶端的膨大部分称为花托。花萼、花冠、雄蕊和雌蕊按由外向内的顺序排列在花托上。

2)着生方式(见图1—8)。一个花梗上只着生一朵花的称为单生花,如牡丹、梅花等。还有许多植物的花是按照一定的顺序排列在花枝上,称为花序,如紫藤。

(7)植物的果实

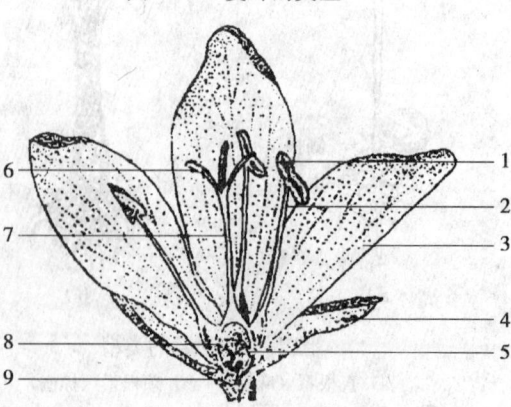

图1—7 花各部的模式图
1—花药 2—花丝 3—花瓣 4—花萼 5—胚珠
6—柱头 7—花柱 8—子房 9—花托

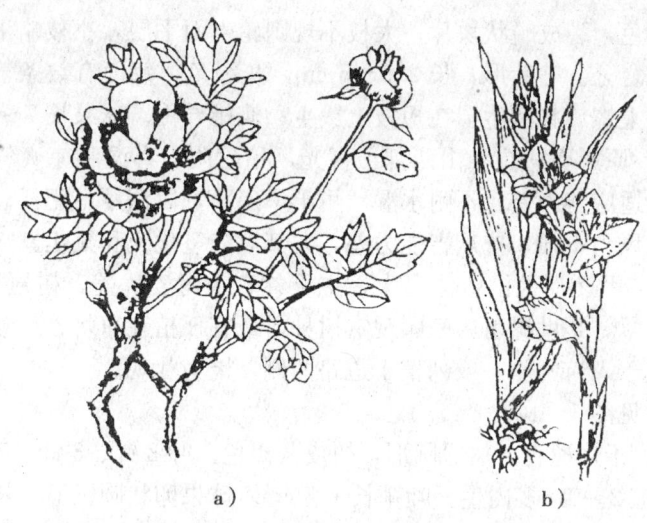

图 1—8　花的着生方式
a) 单生花　b) 花序

1) 结构。被子植物受精以后，花的各部分发生显著变化，其中子房壁发育成果皮，胚珠发育成种子。种子和果皮共同组成果实。

2) 类型。根据果皮成熟时的质地结构，通常把果实分为肉果和干果。其中，肉果可分为浆果、核果、梨果等；干果可分为荚果、蒴果、翅果等。

1.1.2　植物分类

植物种类繁多，分布范围广泛，习性各异，为了便于研究和应用，必须对其进行合理的分类。对观赏植物研究和应用的目的不同，所采用的分类依据也不同，因而分类方法也很多。总体上有系统分类法和实用分类法两类。系统分类法是根据植物进化系统和植物之间的亲缘关系远近而进行分类的方法。实用分类法是指为了实际工作的方便而采用的各种人为的分类方法。

木本植物是指植株的茎木质化程度相当高的一类植物。按生长习性一般可分为四类。

(1) 乔木。又可分为针叶乔木和阔叶乔木。针叶乔木如水杉、马尾松等，阔叶乔木如香樟、垂柳等。

(2) 灌木。如黄杨、蜡梅等。

(3) 木质藤本。如紫藤、凌霄等。

(4) 竹类。如毛竹、孝顺竹等。

1. 上海地区常见针叶乔木

(1) 雪松（又名喜马拉雅雪松，见图 1—9）

1) 形态特征。常绿大乔木，原产地树高可达 75 m。树

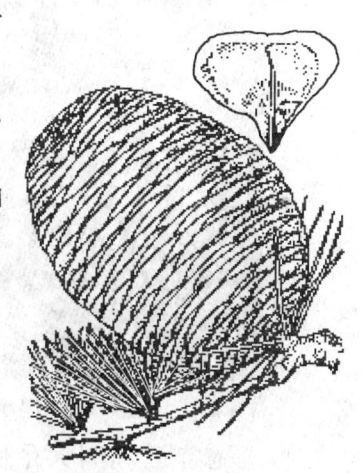

图 1—9　雪松

冠塔形，树皮浅灰色，裂成鳞状块片；大枝不规则轮生而平展，小枝略下垂，下部枝条几近地面，有长短枝之分。叶针形，长 2.5～5 cm，灰绿色，每面有数条气孔线，横切面呈三角形，叶在长枝上螺旋状散生，在短枝上簇生；雌雄异株。球果长 7～12 cm，直立。

2）主要习性。原产喜马拉雅山西部。喜光，稍耐阴，喜温和凉爽气候，有一定耐寒性，但对湿热气候适应能力差，不耐水湿，耐干旱瘠薄，以深厚、肥沃、排水好的酸性土为好，浅根性，抗风力不强，抗烟害能力差，尤其对二氧化硫和氟化氢气体极为敏感。

3）观赏特性与用途。雪松树体高大，主干耸直，树姿优美，树冠塔形，枝条平展，针叶浓密，终年苍翠，是世界著名庭园观赏树种，最宜孤植在草坪、广场、花坛中央、建筑前庭，也可对植于入口两侧，或列植于道路两侧，极为壮观。

(2) 湿地松（见图1—10）

1）形态特征。干形通直，树冠圆形，树皮灰褐色。叶2针、3针一束并存，粗硬，长18～30 cm，树脂道2～9，多内生。叶鞘长 1.3 cm。球果卵状圆锥形，长 6.5～13 cm，褐色，有光泽；鳞盾肥厚，有锐横脊，鳞脐瘤状，具短尖刺。

2）主要习性。原产美国东南部，我国在20世纪30年代开始引栽。现已推广至长江以南各地，最北可达山东，极喜光。对气温的适应性较强，能耐40℃的极端最高温和－20℃的极端最低温。适生于中性以至强酸性红、黄沙壤。耐水湿，可生长在低洼沼泽地、湖泊、河边，故名湿地松，但长期积水生长不良，也较耐旱，深根性，抗风力强，能抗11～12级台风袭击。

3）观赏特性与用途。是长江流域以南风景林和造林的重要树种，也是重要的采脂树种。

(3) 水杉（见图1—11）

图1—10 湿地松

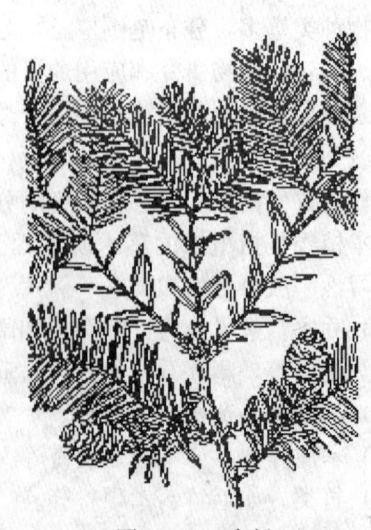

图1—11 水杉

1）形态特征。落叶大乔木，树高达 35 m，胸径粗达 2.5 m，幼树树冠呈尖塔形，老树枝条开展则成广椭圆形，树干基部常膨大。树皮灰褐色，长条形脱落。大枝不规则轮生，小枝及侧芽均对生。叶交互对生排成两列，条形，扁平，柔软，浅绿色，几无柄，长1～2 cm，冬季与无芽小枝同时脱落。雌雄同株，球果近球形。

2）主要习性。我国特产，世界著名孑遗树种，有"活化石"之称。喜光速生树种，不耐阴，喜温暖湿润气候，怕长期积水和过于干旱，浅根性，要求深厚、肥沃、排水好的酸性土，有一定耐寒性。寿命长。

3）观赏特性与用途。水杉树姿秀丽挺拔，叶色翠绿鲜明，秋叶为棕褐色，季相变化明显，最宜在水岸种植，也可在草坪、庭园、建筑周围丛植，或列植于道路两旁，是城市绿化和农村四旁绿化的优良树种。也可大片种植，还是盆栽、盆景的好材料。

（4）池杉（池柏）（见图1—12）

1）形态特征。落叶乔木，高达25 m。树冠呈窄尖塔形，大枝向上伸展；树皮褐色，纵裂成长条片脱落。当年生小枝绿色细长，常略向下弯垂，2年生小枝褐红色。叶多钻形，长4～10 mm，紧贴小枝上，仅上部稍分离。球果圆球形，长2～4 cm，熟时褐黄色。花期3—4月，种熟期10月。

2）主要习性。原产北美东南部沼泽地区，我国江苏、浙江、湖北、河南、安徽、江西、湖南、广东、广西等地普遍引种。

极喜光，喜温暖湿润的气候；耐寒性差，喜深厚肥沃湿润的酸性或微酸性土壤；耐水湿，不耐盐碱土；抗风力强，生长快，寿命长。

3）观赏特性与用途。树姿优美，枝叶青翠，秋叶棕褐色，是观赏价值较高的园林树种，特别适合栽植于公园、水滨、桥头、河滩、湖边、低湿草坪上，可与各种常绿树配植作背景。已成为长江中下游及珠江三角洲平原水网地区主要造林绿化树种之一。

（5）杉木（见图1—13）

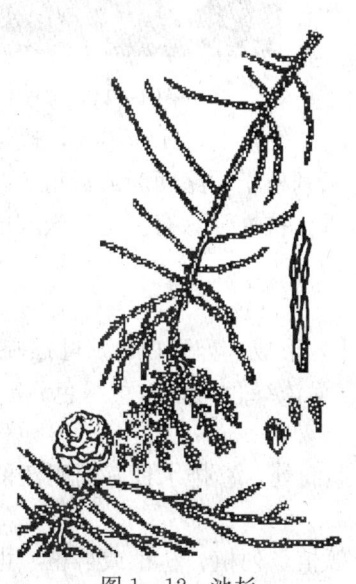

图1—12 池杉

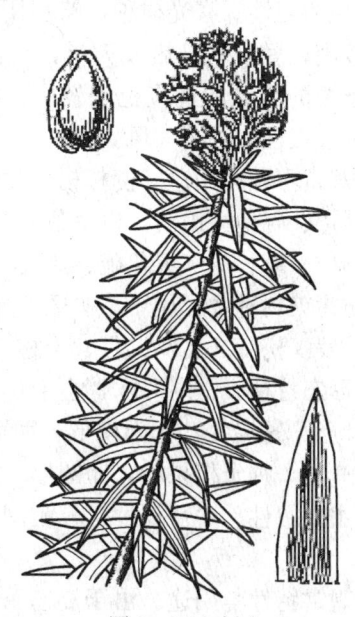

图1—13 杉木

1) 形态特征。树高达 30 m，干形通直，树皮灰褐色，长条状剥落；大枝平展。幼树树冠尖塔形，老时广圆锥形，小枝对生或轮生，幼枝绿色，光滑无毛。叶在主枝上辐射伸展，在小枝上扭转成 2 列状，厚革质，条状披针形，镰状；微弯，长 2~6 cm，上面深绿色，下面淡绿色，沿中脉两侧各有 1 条白色气孔带。球果卵球形，长 2.5~5 cm，熟时黄棕色。种子长卵形，暗褐色，有光泽。花期 3—4 月，果期 10—11 月。

2) 主要习性。产于长江流域秦岭以南 16 个省区，其中浙江、安徽、江西、福建、湖南、广东、广西是杉木的中心产区。较喜光，喜温暖湿润气候，怕风、怕旱、不耐寒，最适生长在温暖多雨、静风多雾的环境。喜深厚、肥沃、排水良好的酸性土壤，不耐盐碱土。浅根性，速生，萌芽、萌蘖力强。对有毒气体也有一定抗性。

3) 观赏特性与用途。树干端直，树冠参差，极为壮观。适于大面积群植，可作风景林，或在山谷、溪边、林缘与其他树类混植，也可列植道旁或于山岩亭台之后片植。是我国南方重要速生用材树种之一。

（6）柳杉（见图 1—14）

1) 形态特征。常绿乔木，树冠圆锥形，树皮赤褐色，纤维状裂成长条片剥落。大枝斜展，小枝下垂，绿色。叶钻形，叶端内曲。3—4 月开花，球果近球形，10—11 月成熟。与其相似的还有日本柳杉 C. japonica，其与柳杉的主要区别在于：小枝粗短稠密，叶略短，先端不内曲，球果较大，其适应平原环境较柳杉强，原产日本，园艺品种较多，江南各大城市均有栽培。

2) 主要习性。喜光树种，略耐阴，稍耐寒，要求空气湿度较高，忌夏季酷热或大旱，喜深厚肥沃的沙质土壤，对土壤的酸碱的适应范围较广。枝韧性强，能抗雪压冰挂，浅根性，不耐大风。

图 1—14　柳杉

3) 观赏习性与用途。柳杉树姿挺秀，树形高大，枝条轮生，纤细柔软，通常丛植于草坪、林边、谷地、山溪，以供蔽阴及防风功用。也可列植于园路两旁或孤植于花坛、前庭作中心树。柳杉对二氧化硫、氯气、氟化氢等有害气体抗性强，有一定的吸收能力，为优良的防污染树种，可用于工矿区的绿化。

（7）罗汉松（又名罗汉杉、土杉，见图 1—15）

1) 形态特征。常绿乔木，主干耸直，枝平展密生，形成广卵形树冠。叶螺旋状互生，条状披针形，先端尖，基部楔形，两面中肋隆起，表面浓绿色，背面黄绿色。5 月开花，果期 8—9 月，种子核果状，卵圆形，深绿色。

2) 主要习性。中性树种，较耐阴，喜生于温暖湿润处，喜排水良好而肥沃的沙质土壤。

3) 观赏特性与用途。由于姿态秀丽葱郁，适于孤植、列植、丛植或群植，也可作绿篱或树桩盆景，对多种气体有抗性，适宜于工厂绿化。

（8）圆柏（桧柏，见图1—16）

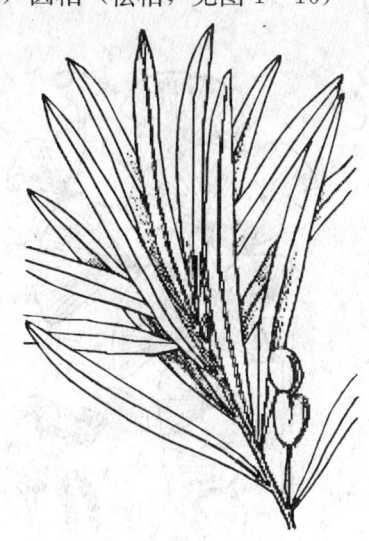

图1—15 罗汉松

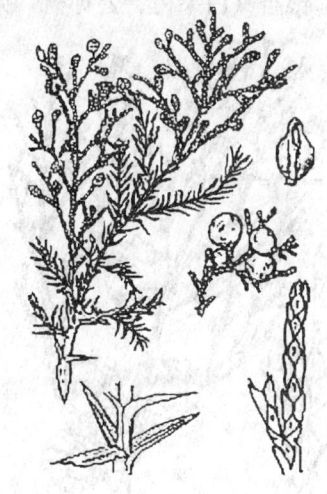

图1—16 圆柏

1）形态特征。常绿乔木，高可达20 m，胸径可达3.5 m。树皮条状纵裂，幼树树冠尖塔形，老时成广圆形。叶2型，幼时全为刺叶，老树全为鳞叶，壮年树则二者并存。雌雄异株，极少同株，球果近圆球形。变种、栽培变种较多，常见有龙柏、匍地龙柏、塔柏、金叶桧、球桧、鹿角桧等。

2）主要习性。喜光，幼树较耐阴，耐寒，耐热，耐干旱瘠薄，也较耐湿，对土壤要求不严，耐修剪，易整形，寿命长，对有害气体抗性强。

3）观赏特性与用途。圆柏树姿雄伟优美，老树干枝扭曲，姿态奇特，是我国自古喜用的园林树种之一，可孤植、对植或混植，也可作绿篱，容易盘扎整形，又是良好的盆景材料，许多栽培变种在园林中被广泛应用。

（9）柏木（垂丝柏、香扁柏，见图1—17）

1）形态特征。乔木，树高达35 m。树冠圆锥形；树皮淡褐灰色，大枝开展。小枝细长下垂，生鳞叶小枝扁平，排成一平面，两面均绿色，先端尖。球果径0.8～1.2 cm，熟时暗褐色，种鳞4对，顶端为不规则五角形或方形，发育种鳞具5～6粒种子。花期3—5月，种熟期翌年5—6月。

2）主要习性。广布于长江流域各地，南达广东、广西，西至甘肃、陕西，以四川、湖北、贵州栽植最多。喜光，稍耐侧方庇荫，喜暖热湿润气候，最适深厚、肥沃的钙质土壤。耐干旱瘠薄，又略耐水湿，是亚热带地区石灰岩山地钙质土上的指示树种。浅根性，萌芽力强，耐修剪，抗有毒气体能力强。寿命长，播种繁殖。

3）观赏特性与用途。为庭园最常见的观赏树木。树姿秀丽清雅，可孤植、丛植、群植，尤宜在风景区成片栽植，以发挥其特具之美。还可对植、列植于园路两侧、庭园入口两侧，效果亦佳。成丛栽植时，其前方配植红枫、杜鹃等，俏丽葱绿，极为美观。也适于工厂绿化。适于建筑等用材，根、叶、枝、果可药用。

（10）银杏（白果树、公孙树，见图1—18）

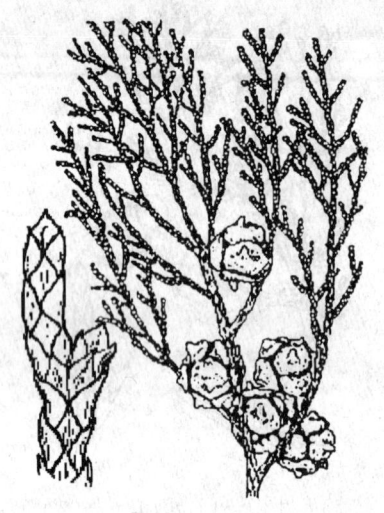

图1—17　柏木　　　　　　　　　　　图1—18　银杏

1) 形态特征。落叶大乔木，树高达40 m，胸径可达4 m，树皮灰褐色，深纵裂，大枝斜出，近轮生。树冠在青壮年期圆锥形，老时广卵形，有长、短枝之分。叶折扇形，先端常2裂，叶缘浅波状，具有长柄，在长枝上螺旋状互生，在短枝上簇生，秋叶黄色。雌雄异株，种子核果状，椭圆形，具肉质外种皮。

2) 主要习性。中国特产，为著名的孑遗植物，被称为"活化石"。对气候及土壤条件适应性强，喜光，耐寒，耐旱，但不耐积水，喜深厚湿润、排水良好的沙壤土，土壤pH为4.5～8均能生长，具有一定的抗污染能力。深根性，生长慢，寿命极长。

3) 观赏特性与用途。银杏树干端直高大，树姿雄伟挺拔，树荫浓密，叶形奇特；秋叶金黄色，季相变化明显；适宜作庭荫树、行道树、风景树，老干适作盆景。种子及叶可药用。

（11）日本五针松（五针松，见图1—19）

1) 形态特征。原产地树高30余米，引入我国常呈灌木状小乔木，高2～5 m；小枝有毛。针叶5针1束，细而短，长3～6(10) cm，因有明显的白色气孔线而呈蓝绿色，稍弯曲。种子较大，其种翅短于种子长。

2) 主要习性。原产日本南部，我国长江流域各城市及青岛等地有栽培。能耐阴，忌湿畏热，不耐寒，生长慢。结实不正常，常用嫁接繁殖。

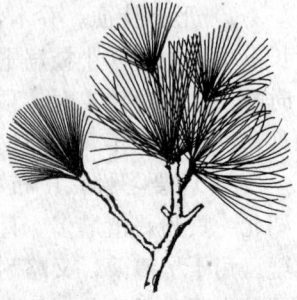

图1—19　五针松

3) 观赏特性与用途。是珍贵的园林观赏树种，品种很多，特适作盆景及布置假山园材料。

2. 上海地区常见阔叶乔木

(1) 樟树（香樟、小叶樟，见图1—20）

1) 形态特征。常绿大乔木，树高可达50 m，胸径可达3 m，树冠庞大，呈广卵形。树皮幼时绿色，光滑，老时为灰褐色，不规则纵裂。单叶互生，卵形至卵状椭圆形，先端尖，长5～10 cm，表面深绿色，有光泽，背面灰绿色，全缘；离基三出脉，脉腋有腺体，揉碎后有香气。花两性，圆锥花序生于新枝叶腋，花小，淡黄绿色，芳香。浆果状核果，熟时紫黑色。

2) 主要习性。喜光，稍耐阴，喜温暖湿润气候，不耐寒，对土壤要求不严，但以肥沃、深厚、微酸性的黏土最好，较耐湿，不耐旱和盐碱土，耐烟尘，深根性，萌芽力强，耐修剪，长速中等，寿命长。

3) 观赏特性与用途。香樟枝叶繁茂，冠大荫浓，树姿雄伟，幼叶红色或黄色，一年内数次萌芽，无论孤植、丛植、群植均很适宜，是优美的庭荫树、行道树、风景林、防护林树种，也可用于厂矿绿化，是重要的经济树种。

(2) 玉兰（白玉兰、应春花，见图1—21）

图1—20 樟树

图1—21 白玉兰

1) 形态特征。落叶乔木，树高达20 m，树冠卵形。树皮灰色，嫩枝及芽被柔毛，冬芽大，密被灰黄色长绒毛。单叶互生，宽倒卵形，长10～18 cm，先端宽圆形，有短突尖，基部楔形，幼时背面有毛。花顶生，大形，白色，花被片9，排成3轮，厚肉质，有芳香；花期2—3月，先花后叶。聚合蓇葖果。

2) 主要习性。喜光，稍耐阴，较耐寒，根肉质，不耐积水，低湿地易烂根，在肥沃、湿润、排水良好的微酸性沙质壤土中生长最好。

3) 观赏特性与用途。玉兰是著名的早春观花乔木，花大而芳香，花纯白色，早春时满树是花，花感强烈。古典园林中常对植堂前或点缀中庭，可孤植、对植、丛植于草坪、路边、建筑周围，或与花期相近的花灌木配置，以常绿树为背景，花枝适宜瓶插。

（3）广玉兰（又名洋玉兰，见图1—22）

1）形态特征。常绿乔木，高达30 m。树冠阔圆锥形，小枝、芽、叶柄、叶片下面及果均密被褐色绒毛（幼树叶片下面无毛）。叶厚革质，椭圆形，长10～20 cm，先端钝尖，基部楔形，叶表有光泽，缘反卷微波状，叶柄粗。花被片9～12，厚肉质，白色芳香。花期5—6月，果熟期10月。

2）主要习性。原产北美洲东南部，我国长江流域及其以南地区常见栽培。喜光，幼树颇耐阴，喜温暖湿润气候。对土壤要求不严，但以肥沃、湿润而排水良好的酸性土生长良好。根系深广，生长速度中等，幼年生长缓慢。

3）观赏特性与用途。树姿端正，绿荫浓密，叶厚而有光泽，花大而芳香，为良好的城市绿化观赏树种之一。宜孤植草坪中、建筑物前、道路两侧或植为背景树。耐烟抗风，对二氧化硫等有毒气体有较强抗性，是净化空气、保护环境的良好树种。

（4）桃（毛桃、白桃，见图1—23）

图1—22 广玉兰

图1—23 桃

1）形态特征。落叶小乔木，小枝红褐色或绿褐色，无毛，冬芽被毛，常3枚单生。单叶互生，椭圆状披针形，长7～26 cm，先端渐尖，基部广楔形，缘有细锯齿，叶柄有腺体。花单生，原种花瓣5枚，蝶形花冠，粉红色，径约3 cm；花期3—4月，先花后叶或花叶同放。核果。品种极多，按用途分为食用桃和观赏桃两大类。

2）主要习性。喜光，较耐旱，不耐水湿，耐寒，喜夏季高温的暖湿气候，浅根性，根蘖性强，寿命短。

3）观赏特性与用途。桃花是我国南北各地早春重要的观赏花木，其花娇艳妩媚，着花繁密，品种繁多，可孤植、列植、丛植、群植于各类绿地，也可盆栽或制作盆景观赏。

(5) 紫叶李（见图1—24）

1) 形态特征。落叶乔木，高达8 m。小枝无毛。叶片、花柄、花萼、雌蕊都呈紫红色。叶片椭圆形、卵形至倒卵形，长3~6 cm，宽2~3.5 cm，顶端尖，基部宽楔形至圆形，边缘钝锯齿，背面沿主脉有柔毛。花1~3朵，常1朵，粉红色，直径1.5~2.5 cm，和叶同时开放；花柄无毛，长1.5~2 cm；萼筒钟状，无毛；心皮无毛。花期3—4月。

2) 主要习性。阳性树，在庇荫条件下叶色不鲜艳，喜温暖、湿润的气候，不耐寒。对土壤要求不严，但以肥沃深厚、排水良好的黏质中性、酸性土壤生长良好。

3) 观赏特性与用途。观叶树，春季嫩叶鲜红色，老叶为紫红色，叶色鲜艳美丽，故常作为园林风景树，可丛植，孤植。

(6) 合欢（夜合树、绒花树，见图1—25）

 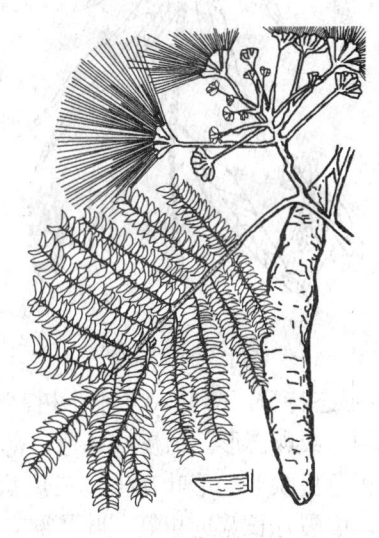

图1—24 紫叶李　　　　　　　图1—25 合欢

1) 形态特征。落叶乔木，高达16 m，胸径可达50 cm。枝条开展，树冠呈伞形，叶互生，二回偶数羽状复叶，小叶昼开夜合，酷暑或暴风雨则闭合。头状花序排成伞房状，花丝粉红色，细长如绒缨。荚果扁平，宿存枝梢。花期6—7月。

2) 主要习性。阳性树，不耐水湿，对土壤要求不严，生长较快，有根瘤菌，具有改良土壤的功效。

3) 观赏特性与用途。合欢树姿优雅，叶形秀丽。昼开夜合，夏日满树盛开粉红色的绒缨状花，既美又香，为园林绿化中优美的观赏树和行道树。抗污染能力强，也是工厂绿化、四旁绿化的优良树种。

(7) 垂柳（清明柳、垂枝柳，见图1—26）

1) 形态特征。落叶乔木，树高可达18 m。树冠倒卵形，枝条细长下垂，无顶芽。单叶互生，叶窄披针形，长8~16 cm，缘具细锯齿，背面浅灰绿色，叶柄长0.8~1.2 cm。

雌雄异株,荑黄花序。

2)生态习性。喜光,不耐阴,喜温暖湿润气候及潮湿深厚的土壤,耐水淹也耐旱,对土壤适应性强,根系发达,生长快。

3)观赏特性与用途。垂柳枝条柔软下垂,姿态飘逸潇洒,栽于水边倒影婆娑,是最理想的水岸绿化树种。也可作行道树、庭荫树,或孤植、丛植于庭园、草地。

(8)悬铃木(二球悬铃木、英国梧桐,见图1—27)

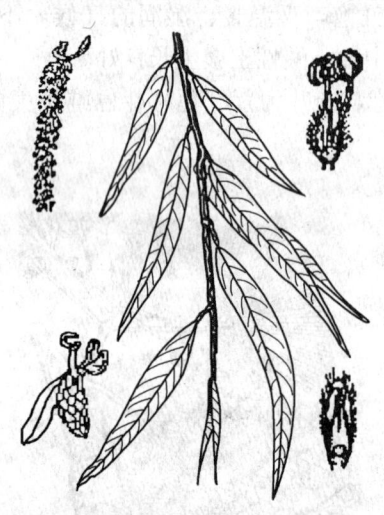
图1—26 垂柳

图1—27 悬铃木

1)形态特征。落叶大乔木,树高达35 m,胸径可达1 m以上,枝条开展,树冠广阔,呈圆形或卵圆形。树皮灰绿色,薄片状剥落,剥落后内皮平滑,呈淡绿白色,嫩枝叶密被黄褐色星状毛。单叶互生,三角状宽卵形,长9~15 cm,3~5掌状裂,缘有不规则大尖齿,中裂片长宽近相等,叶基部有领状托叶,长1~1.5 cm,叶柄基部膨大,芽生于叶柄内。花单性,雌雄同株,密集成球形的头状花序。聚合果球形,果序常2个一串。

2)主要习性。喜光,喜温暖,有一定耐寒性,对土壤的适应性强,既耐干旱瘠薄,又耐水湿,萌芽力强,耐修剪,抗烟尘,生长迅速,寿命长。

3)观赏特性与用途。悬铃木树形雄伟高大,枝叶茂密,树冠大,遮阴效果好,生长快,耐修剪,树皮斑驳,适应城市环境,是世界著名的行道树,可孤植作庭荫树或风景树,或在宽阔的草坪、广场或建筑周围丛植,也适合用做厂矿绿化树种。

(9)枫杨(元宝枫、水槐树,见图1—28)

1)形态特征。落叶乔木,高达30 m,胸径达1 m。羽状复叶,叶缘具细锯齿。花单性,雌雄同株。果序下垂,坚果近球形,两边各有一矩圆形长翅。花期4月,果熟期8月。

2)主要习性。阳性树种,不耐庇荫,喜温暖湿润气候,耐水湿,但不宜生长于长期积水及地下水位过高之处。深根性,主根明显,侧根发达,具一定耐旱能力,但长期干旱会使树干弯曲易衰老,要求中性及酸性沙壤土,也耐轻度盐碱。萌芽力强,生长较快,在生长期会不间断地落叶，较耐寒。

3) 观赏特性与用途。树冠宽广，枝叶茂密，遮阳效果好，是优良的庭荫树和行道树，为极好的固堤护岸的树种。

(10) 榆树（见图1—29）

图1—28 枫杨

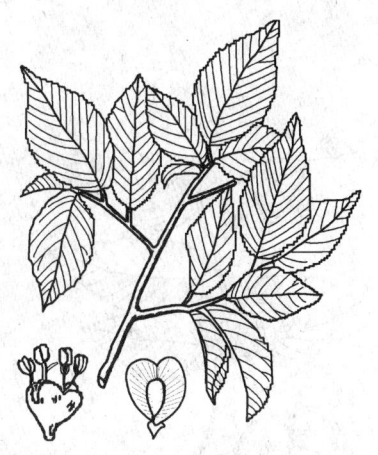
图1—29 榆树

1) 形态特征。落叶乔木，高达25 m。树皮粗糙。叶椭圆形或椭圆状卵形，长2～8 cm，宽1.5～2.5 cm，两面无毛，或背面脉腋有毛；侧脉9～16对，叶缘有单锯齿，很少重锯齿；叶柄长2～10 mm。早春发叶前开花，簇生成聚伞花序；花被钟形，4～5裂；雄蕊4～5枚。翅果近圆形，或宽倒卵形，长1.3～1.5 cm，无毛，顶端凹缺；种子位于翅果中部或近中部，很少接近凹缺处；果柄长约2 mm。花期3月上旬，果熟期4月上旬。

2) 主要习性。喜光，耐寒性强，能适应干冷气候，喜肥沃、湿润土壤，但对土壤要求不严，在石灰性冲积土及黄土高原上生长较快，在干燥瘠薄土壤及沙丘地也能生长，耐轻盐碱。主根、侧根均发达抗风，萌芽力强，耐修剪。生长快，寿命长。

3) 观赏特性与用途。树姿高大通直。树冠浓荫，生长迅速，适应性强，在城乡绿化中宜作行道树、庭荫树、防护林及四旁绿化。老茎残根可制作盆景。幼叶、嫩果可食，也可入药。

(11) 榉树（见图1—30）

1) 形态特征。落叶乔木，高达25 m，胸径达1 m。树冠倒卵状伞形。叶卵状长椭圆形，先端尖，叶缘锯齿整齐，齿形近似桃形。坚果非常小，有皱纹。花期3～4月，果熟期10—11月。

2) 主要习性。中等喜光树种，喜温暖气候湿润土壤，对土壤要求不严，在微酸性、中性、石灰性、微盐碱性土中皆能生长，尤喜石灰性土壤。树冠庞大，落叶量多，有改良土壤之效。不耐干旱和瘠薄，忌积水。病虫害少，抗性强，耐烟尘，抗二氧化硫能力强，并有净化空气作用。

3）观赏特性与用途。榉树高大雄伟，树冠整齐，枝叶细美，具有较高的观赏价值，可作庭荫树和行道树。在园林中应用时可孤植或丛植。因其具有防风、耐烟尘和抗二氧化硫的特性，是工厂绿化和四旁绿化、防风林的优良树种。

（12）朴树（见图1—31）

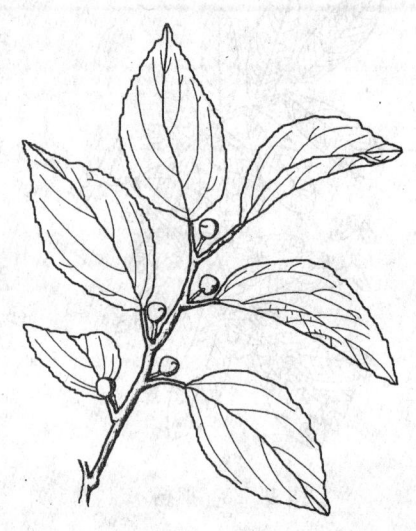

图1—30　榉树　　　　　　　　　图1—31　朴树

1）形态特征。落叶乔木，高达15 m。树冠广圆形或扁圆形。树皮灰褐色，单叶互生，三出脉。花两性或单性，果近球形或圆卵形，橙红色，单个或2个并生，果柄与叶柄等长。花期4月，果熟期10月。

2）主要习性。阳性树，稍耐阴。适应性强，喜深厚肥沃、疏松的土壤，对土壤质地要求不严，能适应微酸性土、微碱性土、中性土和石灰岩土。有一定的抗旱能力，也耐水湿和瘠薄，耐寒。深根性，抗风力强，寿命较长。

3）观赏特性与用途。朴树树体高大，雄伟，荫质浓厚，成年后能显示出古朴的树姿风貌，为较优美的庭荫树、行道树。可孤植或丛植，宜植于宽广场地。根系发达，抗风力强，又能抗污染和吸附粉尘、烟尘，因而是工厂绿化、四旁绿化、防风护堤的树种。

（13）构树（见图1—32）

1）形态特征。乔木，高达16 m。树皮平滑，浅灰色。枝粗壮，平展，红褐色，密生白色绒毛。叶阔卵形，长8～20 cm，宽6～15 cm，顶端锐尖，基部圆形或近心形，边缘有粗齿，3～5深裂（幼枝上的叶更为明显），两面有厚柔毛；叶柄长3～5 cm，密生绒毛；托叶卵状长圆形，早落。花雌雄异株；雄花序为腋生下垂的荑黄花序，长6～8 cm；雌花序头状，苞片棒状，顶端圆锥形，有毛，花柱基部不分枝。聚花果球形，直径约3 cm。花期5月，果熟期为9月。

2）主要习性。喜光，适应性强，能耐北方干冷和南方湿热，耐干燥瘠薄土壤，又能生长在水边。喜钙质土，也能在酸性土、中性土中生长。萌芽力强，生长快，病虫害少。为抗有毒气体（二氧化硫和氯气）的树种。

3) 观赏特性与用途。适应性和生命力强，抗烟尘，可在大气污染严重地区栽植，是厂矿绿化的优良遮阴树和防护林树种。

(14) 苦楝（见图1—33）

图1—32　构树

图1—33　苦楝

1) 形态特征。落叶乔木，高达20 m，幼枝粗壮平滑，皮孔多而明显。2~3回羽状复叶，互生，小叶卵状椭圆形至卵状披针形，长3~7 cm，缘有粗锯齿。圆锥花序腋生，花瓣及雄蕊淡紫色，有香气。核果近球形，熟时黄色，宿存枝头，经冬不落。花期4—5月，果熟期10—11月。

2) 主要习性。强阳性树，不耐庇荫，喜温暖气候，对土壤要求不严。耐潮、风、水湿，但在积水处则生长不良，不耐干旱。抗风力强。大树移植成活差。幼树生长快，寿命短。

3) 观赏特性与用途。适宜作庭荫树、行道树、疗养林的树种，也是工厂绿化、四旁绿化的好树种。

(15) 臭椿（见图1—34）

1) 形态特征。落叶乔木，高可达20 m。新枝赤褐色，有髓心。羽状复叶长30~50 cm，小叶13~25 cm，长椭圆状卵形或披针状卵形，顶端渐尖，基部扁斜，边缘近基部有1~2个大锯齿，齿端有大腺点。花小，集成多分枝的大型圆锥花序。翅果长椭圆形，成熟时黄褐色，内有1粒种子，位于翅果的近中部。花期4—5月，果熟期8—9月。

2) 主要习性。产于各地，为阳性树种，喜生于向阳山坡或灌丛中，村庄家前屋后多栽培，常植为行道树。分布于我国北部、东部及西南部，东南至台湾省。能耐干旱及盐碱，且生长迅速，对有毒气体的抗性较强，可作城市、工矿区和农村绿化树种。

3) 观赏特性与用途。树干通直高大，树冠开阔，叶大，荫有稀疏漏光，春季嫩芽红色，宛若繁花盛开，秋季果实红黄相交，是很好的庭荫树、行道树，养护管理简便，也可作基础栽培或护岸树。抗烟、抗病虫害能力强。

（16）加拿大杨（加杨）（见图1—35）

图1—34 臭椿

图1—35 加拿大杨

1）形态特征。落叶乔木，高达30 m，胸径达1 m。树冠开展呈卵圆形。树皮灰褐色，粗糙，纵裂。小枝在叶柄下具3条棱脊，冬芽先端不贴紧枝条。叶近正三角形，长7～10 cm，先端渐尖，基部截形，边缘半透明，具钝齿，两面无毛；叶柄扁平而长，有时顶端具1～2个腺体。花期4月，果熟期5月。

2）主要习性。系美洲黑杨与欧洲黑杨的杂交种，现广植于欧、亚、美各洲。19世纪中叶引入我国，各地普遍栽培，而以华北、东北及长江流域最多。杂种优势明显，生长势和适应性较强。性喜光，颇耐寒，喜湿润而排水良好的土壤。对水涝、盐碱和瘠薄土地均有一定抗性，能适应暖热气候。对二氧化硫抗性较强，并有吸收能力。生长快，在水肥条件好的地方十二年生树高可达20 m以上，胸径达34.2 cm。萌芽力、萌蘖力均较强。寿命较短。

3）观赏特性与用途。加拿大杨树体高大，树冠宽阔，叶片大而具光泽，夏季绿荫浓密，很适合作行道树、庭荫树及防护林。同时，也是工矿区绿化及四旁绿化的好树种。

（17）乌桕（见图1—36）

1）形态特征。落叶乔木，高达15 m，有乳汁。叶片菱形至菱状卵形，长和宽均为3～8 cm，顶端短尖或渐尖，全缘，叶柄细，长2.5～6 cm。穗状花序顶生，雄花在上部，雌花在基部；雄花小，10～15朵生一苞内，花尊杯状，3浅裂，雌花萼3裂，子房3室，花柱基部合生，柱头外卷。蒴果木质，梨状圆球形，直径1～1.5 cm；种子近圆形，黑色，外有白蜡层。花期6—7月，果熟期10—11月。

2）主要习性。各地栽培于路旁、田埂或山坡上，也有作为行道树的；分布很广，北自山东，南至台湾、广东和云南等省区。中等喜光树种。喜温暖、湿润的气候条件。对土壤适应性较强，以冲积土生长结果最好，其次是紫色岩石上发育的紫色土和熟化的红壤。能耐水湿。对土壤酸碱度适应性较强；酸性、中性、碱性土中皆可生长，有一定的抗盐性，一年能发几次梢。

3）观赏特性与用途。其春秋红叶，艳丽夺目，不亚枫槭。秋冬果裂子现，白色蜡质的种子挂在树上，宛如小白花。它生长快，收益大，四旁绿化或庭园种植可达到经济、美观、实用的效果，栽于道路作行道树，能"绿荫护夏，红叶迎秋"。其耐水性强，耐盐碱也强，在堤岸、溪旁河边、水道河边都可种植，可固堤岸，改良土壤。

（18）重阳木（见图1—37）

图1—36　乌桕　　　　　　　　　图1—37　重阳木

1）形态特征。落叶乔木，高达10 m，树皮褐色，纵裂。小叶片卵形或椭圆状卵形，长5～11 cm，宽3～7 cm，顶端狭尖，基部圆形或近心形，边缘有钝锯齿，每厘米4～5个，两面光滑；叶柄长4～10 cm。花小，绿色，成总状花序，雌花有2朵（稀至3朵）。果实球形浆果状，棕褐色，径0.5～0.7 cm。花期4～5月，果期8—10月。

2）主要习性。长江以南各省区都有分布。喜光，也略耐阴。喜温暖，耐寒力弱，在我国南部生长为常绿，长江流域一带为落叶树，对土壤要求不严。能耐水湿，根系发达，抗风力强。

3）观赏特性与用途。树形圆整，枝叶茂密、浓郁，早春初发芽时叶色嫩绿鲜亮，入秋变为红色，可作庭园树、孤立木或行道树。也可作堤岸造林树木。

（19）女贞（见图1—38）

1）形态特征。常绿乔木，高达15 m，常呈灌木状。叶革质而脆，卵形、宽卵形至卵状披针形。果蓝紫色，花期6月，果熟期11—12月。

2）主要习性。中性树，稍耐阴，适应性强，喜温暖、湿润气候，对土壤要求不严，适生于深厚肥沃的微酸性土壤或微碱性土壤，对二氧化硫、二氧化氮、粉尘等抗性较强。

3) 观赏特性与用途。女贞树干圆整端庄，终年常绿，夏日细花繁茂，是园林绿化中常用的庭荫树。独本女贞可孤植、对植或列植，也常应用为行道树。女贞适应性强，宜作高篱、绿墙。

(20) 桂花（见图1—39）

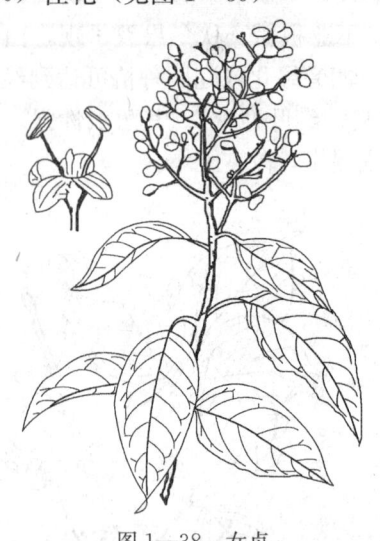
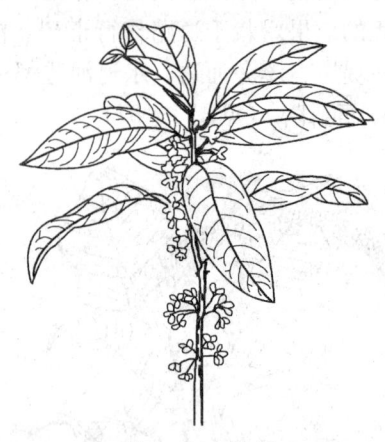

图1—38 女贞　　　　　　　　　图1—39 桂花

1) 形态特征。常绿小乔木，树高可达12 m，树冠椭圆形，树皮灰色，全体无毛，侧芽2～4叠生。单叶对生，革质，椭圆形至椭圆状披针形，长4～12 cm，两端尖，全缘或疏生细锯齿。花呈聚伞状簇生于叶腋，花小，两性或杂性，白色、黄色或橙黄色，浓香，花冠合瓣，4裂；花期9—10月。核果。桂花的变种品种很多，一般将其分为金桂、银桂、丹桂、四季桂四个品种群。

2) 主要习性。喜光，耐半阴，喜温暖湿润气候，不甚耐寒，不耐干旱瘠薄，忌积涝，对土壤要求不严，以排水良好、深厚肥沃的沙壤土为好，萌发力强，寿命长。

3) 观赏特性与用途。桂花枝繁叶茂，四季常青，开花时花香四溢，花期正值仲秋，是著名的香花观赏树种，适宜孤植、对植或丛植于庭园与建筑附近、入口、草坪边缘等处，北方盆栽观赏，花枝是瓶插的上品。

(21) 鸡爪槭（见图1—40）

1) 形态特征。落叶小乔木。幼枝青绿色，细弱。叶掌状5～7深裂，横径5～10 cm，基部截形或稍心形，裂片卵状长圆形或披针形，顶端锐尖或尾尖，边缘有不整齐的重锯齿，嫩叶两面密生柔毛，老叶表面无毛，背面在基部脉腋有簇毛。伞房花序顶生，发叶以后开花；花紫红色；子房无毛。翅果初为紫红色，成熟后棕黄色，两翅开展成钝角。花期5月，果熟期9—10月。

2) 主要习性。稍耐阴。喜湿润肥沃土壤，在酸性土、中性土、石灰岩上均可生长。

3) 观赏特性与用途。其树姿优美，叶形秀丽，且有种种变种，叶色有深浅，有红有绿,色泽鲜艳,是优良的观叶、观姿态树木。宜植于草地、树坛、建筑物前或作假山石配置,也可制成盆景、盆栽,用于树木美化也极为雅致。

(22) 泡桐(见图1—41)

图1—40 鸡爪槭

图1—41 泡桐

1) 形态特征。树皮灰色、灰褐色或灰黑色,幼时平滑,老时纵裂。假二杈分枝。单叶,对生,叶大,卵形,全缘或有浅裂,具长柄,柄上有绒毛。花大,淡紫色或白色,顶生圆锥花序,由多数聚伞花序复合而成。花萼钟状或盘状,肥厚,5深裂,裂片不等大。花冠钟形或漏斗形,上唇2裂、反卷,下唇3裂,直伸或微卷;雄蕊4枚,2长2短,着生于花冠筒基部;雌蕊1枚,花柱细长。蒴果卵形或椭圆形,熟后背缝开裂。种子多数为长圆形,小而轻,两侧具有条纹的翅。

2) 主要习性。泡桐生长迅速,7~8年生即可成材。喜光,喜温暖湿润气候,对大气干旱的适应能力较强,深根性,适于疏松、深厚、排水良好的壤土和黏壤土,对土壤的酸碱度适应范围较广,但以pH为6~7.5为好。怕水淹,在黏重的土壤上生长不良。萌芽力、萌蘖力强。

3) 观赏特性与用途。树姿优美,花色美丽鲜艳,并有较强的净化空气和抗大气污染的能力,是城市和工矿区绿化的好树种。木材纹理通直,结构均匀,不挠不裂,易于加工。可作建筑、家具、人造板和乐器等用材。桐材的纤维素含量高、材色较浅,是造纸工业的好原料。叶、花、果和树皮可入药。

(23) 棕榈(见图1—42)

1) 形态特征。常绿乔木,树高达15 m,干径达20 cm,单干,不分枝,圆柱形,干上具残存叶柄和黑褐色的纤维状叶鞘。叶簇生于茎干顶端,扇形,径达50~70 cm,掌状分裂至中部以下,裂片条形,多数坚硬,先端2浅裂;叶柄长0.5~1 m,两侧具有细齿。

雌雄异株，花小，鲜黄色，圆锥花序由叶丛中抽出，佛焰苞多数；花期4—6月。核果。

2）主要习性。亚热带树种，喜温暖，较耐寒，是棕榈科中最耐寒的植物，喜光，稍耐阴。幼苗耐阴，喜肥沃、湿润、排水好的土壤，抗烟尘及有毒气体；浅根性树种，须根发达，易被风吹倒，生长慢。

3）观赏特性与用途。棕榈树形挺拔秀丽，叶形如扇，富有南国风光特点，是园林绿化的常用树种，适宜丛植或片植于庭园、草坪、水边、角隅，也可对植、列植于入口、路边，又是厂矿绿化的优良树种。

（24）石楠（又名千年红、扇肩木、石眼树、将军梨、石纲、凿角，见图1—43）

图1—42　棕榈

图1—43　石楠

1）形态特征。蔷薇科石楠属常绿小乔木，高达12 m。叶长椭圆形至倒卵状长椭圆形，长8～20 cm，先端尖，基部圆形或广楔形，缘有细尖锯齿，革质有光泽，幼苗带红色。花白色，径6～8 mm，成顶生复伞房花序。果球形，径5～6 mm，红色。花期5—7月。果实成熟期10月。

2）主要习性。产于我国中部及南部，印尼也有分布。喜光，稍耐阴；喜温暖，尚耐寒，能耐短期的－15℃的低温，喜排水良好的肥沃土壤，也耐干旱瘠薄，能生长在石缝中，不耐水湿。生长较慢。繁殖以播种为主。

3）观赏特性与用途。树冠球形，枝叶浓密，早春嫩叶鲜红，秋季又有红果，是美丽的观赏树种。园林中孤植、丛植及基础栽植都最为合适，尤宜配植于整形式园林中。

（25）蚊母树（又名蚊子树、门子树，见图1—44）

1）形态特征。常绿乔木，高可达22 m，栽培者常为灌木状。嫩枝端部具星状鳞毛，顶芽呈桃形，暗褐色。单叶互生，倒卵状长椭圆形，长3～7 cm，全缘，厚革质，光滑无毛，侧脉5～6对，在表面不显著，在叶背面略突起，叶上常有囊状虫瘿。总状花序，长约 2 cm，花药红色。蒴果卵形，长约 1 cm，密生星状毛。花期 4 月，果期 9 月。

2）主要习性。产于我国广东、福建、台湾及浙江等省，日本也有分布。多生于海拔 100～300 m 的丘陵地带。长江流域各城市园林中常见栽培。为暖地树种，性喜光。稍耐阴，喜温暖湿润气候。对土壤要求不严，但以排水良好而肥沃湿润的酸性、中性土壤为宜。发枝力强，耐修剪，能耐烟尘污染。对二氧化硫、二氧化氮等多种有毒气体有很强抗性，防尘、隔音能力较强。繁殖以播种为主，也可扦插。

3）观赏特性与用途。蚊母树小枝密集，树形整齐，叶色浓绿，经冬不凋，花细而深红，俏丽可观，是常见的城市及工厂绿化树种。适于路旁庭前、草坪内以及大乔木下种植，如作为落叶花木的背景树，也很相宜。也可修剪成球形，作为基础种植及绿篱材料。还可用于街坊、石矿绿化。

3. 上海地区常见灌木植物

（1）含笑（见图 1—45）

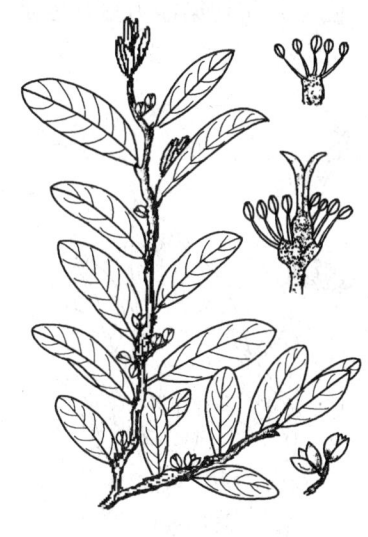

图 1—44　蚊母树

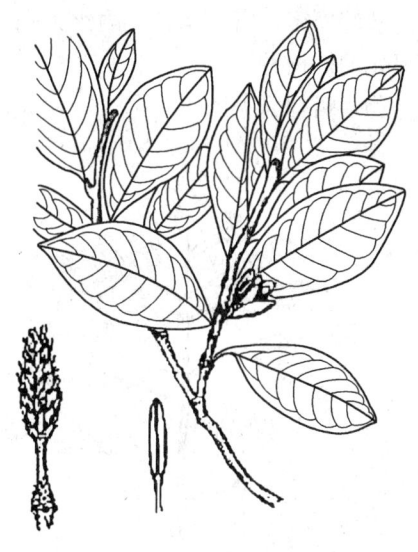

图 1—45　含笑

1）形态特征。常绿灌木，树高 2～3（5）m。分枝紧密，小枝、芽、叶柄及花梗均密被褐色绒毛。叶革质，全缘，椭圆状倒卵形，长 4～10 cm，先端渐尖，叶柄极短，花单生叶腋，花被片 6，淡乳黄色，边缘带紫晕，肉质，具有香蕉的浓香。花期 3—5 月。蓇葖果。

2）主要习性。喜半阴，不耐曝晒和干燥，喜温暖多湿气候，不耐寒，喜酸性土，不耐石灰质土壤，对氯气抗性较强。

3）观赏特性与用途。含笑枝叶浓密，四季常青，是著名的芳香观赏花木，适于各类庭园、绿地丛植，北方盆栽观赏。

（2）珊瑚树（见图 1—46）

1) 形态特征。常绿灌木或小乔木，高达 2~10 m。全体无毛，树皮灰色，枝有小瘤状凸起的皮孔。叶长椭圆形，长 7~15 cm，端急尖或钝，基部阔楔形，全缘或近顶部有不规则的浅波状钝齿，革质，表面浅绿有光泽，背部浅绿色。圆锥状聚伞花序顶生，长 5~10 cm；萼筒钟状，5 小裂；花冠辐状，白色，芳香，5 裂。核果倒卵状，先红后黑。花期 5—6 月，果 9—10 月成熟。

2) 主要习性。产华南、华东、西南等省区，日本、印度也产，长江流域城市都有栽培。喜光，稍能耐阴；喜温暖，不耐寒；喜湿润肥沃土壤，喜中性土，在酸性和微碱性土中也能适应；对有毒气体氯气、二氧化硫抗性较强，对汞和氟有一定的吸收能力，耐烟尘，抗火力强。根系发达，萌蘖力强，易整形，耐修剪，耐移植，生长较快，害虫较少。一般扦插繁殖，也可播种繁殖。梅雨季扦插，3 周后即能生根，成活率达 98%。

3) 观赏特性与用途。珊瑚树枝茂叶繁，终年碧绿发亮，春日开以白花，深秋果实鲜红，累累垂于枝头，状如珊瑚，甚为美观。可做绿篱或绿墙，也作基础栽植或丛植饰墙角。枝叶繁密，富含水分，耐火力强，可做防火隔离树带。隔音及抗污染能力强，也是工厂绿化的好树种。

(3) 蜡梅（见图 1—47）

图 1—46 珊瑚树

图 1—47 蜡梅

1) 形态特征。落叶大灌木，树高可达 5 m，丛生，小枝近方形，老枝圆形，皮孔明显。单叶对生，椭圆状卵形至卵状披针形，长 7~15 cm，近革质，叶上面被硬毛而极粗糙，下面光滑无毛，全缘。花单生于叶腋，径约 2.5 cm，花被片多数，蜡质，黄色，内轮花被片有紫色条纹，花浓香，花期 11—2 月，远于叶前开放。聚合瘦果包于肉质坛状的果托内。

2) 主要习性。喜光，稍耐阴，较耐寒，耐旱，不耐水湿也怕风，以深厚而排水好的沙质壤土为好，萌蘖力、发枝力强，耐修剪，寿命较长。

3) 观赏特性与用途。蜡梅花开寒冬腊月，花香四溢，花黄似蜡，开花时繁盛壮观，为最好的冬季观花芳香树种，也是我国的传统名花之一。一般自然植于庭园各处，可孤植、对植、丛植，也可大片群植，无不相宜，是盆栽盆景的好材料，花枝为瓶插佳品。

（4）黄杨（又名瓜子黄杨，见图1—48）

1) 形态特征。常绿小乔木或灌木，树高可达7 m，树皮灰黄色，鳞片状剥落，小枝及冬芽外鳞均有短柔毛，四棱形。单叶对生，革质，长1.5~3.5 cm，倒卵形至广卵形，先端圆或凹，表面深绿色，有光泽，背面黄绿色，背面中脉基部及叶柄有毛，花簇生于叶腋或枝顶，雌雄花同序。蒴果。

2) 主要习性。喜温暖湿润气候，耐寒性不强，喜阴湿，不喜强光照射，以肥沃疏松的沙质壤土为好，耐碱性较强，抗烟尘，萌芽力强，耐修剪，生长极慢。

3) 观赏特性与用途。黄杨枝叶茂密，叶小而密，春季嫩绿，夏季深绿，冬季带红褐色，耐修剪，生长慢，是最常用的绿篱树种之一，也可经修剪造型植于园林的主景处，常用于制作盆景。

（5）山茶（见图1—49）

图1—48 黄杨（瓜子黄杨）

图1—49 山茶

1) 形态特征。常绿灌木或乔木，树高可达6~9 m，枝干平滑无毛。单叶互生，无托叶，叶卵形、椭圆形至倒卵形，长5~10 cm，先端渐尖，基部楔形，叶缘有细锯齿，表面暗绿色有光泽，背面较淡。花大，直径5~12 cm，近无柄，单生或2~3朵簇生于枝顶或叶腋，萼片密被绒毛，原种为单瓣红色，花瓣5~7，基部稍连合，先端有缺口；花期2—4月。蒴果。山茶经过长期栽培后，在形态上的各种变化极多，品种繁多，花色从大红至白色均有，一般将其品种分为单瓣、单重瓣、重瓣3大类12型。

2) 主要习性。喜温暖湿润气候，有一定耐寒性，喜半阴，忌强光烈日，不耐干旱和积水，对土壤酸碱度敏感，pH4.5～6.5为宜，不耐碱。

3) 观赏特性与用途。山茶花大色艳，品种极多，开花繁密，花期长久，且正逢冬末初春少花时节，叶色碧绿，四季常青，是闻名中外的名贵观赏花木。在各类园林绿地中可孤植、对植、丛植、群植，也是盆栽佳品。

(6) 紫丁香（又名丁香、华北紫丁香，见图1—50）

1) 形态特征。落叶灌木，树高达4 m，枝条光滑无毛，较粗壮。单叶对生，全缘，阔卵形，宽5～10 cm，先端渐尖，基部心形，两面无毛。圆锥花序，长6～12 cm，花小，花萼、花冠4裂，花冠漏斗状，紫色或暗紫色，芳香；花期4—5月。蒴果。

2) 主要习性。喜光，稍耐阴，耐寒，耐旱，忌水湿，喜湿润、肥沃、排水良好的沙质壤土。

3) 观赏特性与用途。紫丁香枝叶繁茂，叶形秀丽，花丛庞大，花开时清香四溢，色香俱佳，是北方春季最重要的观花灌木之一，植于路旁、屋前、草丛、林缘均可，也可植于丁香专类园，还可盆栽或作切花。

(7) 紫玉兰（又名木兰、辛夷，见图1—51）

图1—50 紫丁香

图1—51 紫玉兰

1) 形态特征。落叶大灌木，高达5 m。小枝紫褐色，光滑无毛。顶芽大，卵形，外被黄褐色短柔毛，中间缢缩，形似笔尖。单叶互生，椭圆状倒卵形，长8～18 cm，先端渐尖。花被片9枚，外轮3枚花萼状，黄绿色，披针形，内两轮6枚，外面紫红色，里面近白色；花期3—4月，花叶同放或先于叶开放。聚合蓇葖果。

2) 主要习性。喜光，喜温暖、湿润气候，也较耐寒，根肉质，怕积水，以肥沃的沙质壤土为好。

3) 观赏特性与用途。紫玉兰花大色浓，叶大而繁密，一般用于庭园观赏，多栽植在浅色建筑前、假山前或用于木兰园，也可作白玉兰、广玉兰的砧木。

(8) 锦带花（又名五色海棠、五宝海棠，见图1—52）

1) 形态特征。落叶灌木，高达3 m。小枝细，幼时有2行柔毛。单叶互生，叶呈椭圆形至卵状椭圆形，长5～10 cm，先端渐尖，缘有锯齿，叶表面无毛或仅中脉有毛，背面脉上毛较密。花1～4朵组成聚伞花序，花冠呈漏斗状钟形，端5裂，玫瑰红色或粉红色。花期4—6月。蒴果。

2) 主要习性。喜光，耐寒，耐干旱瘠薄，不耐涝，对土壤要求不严，以深厚湿润而富含腐殖质的壤土最适宜，萌芽、萌蘖性强，生长较快，对有害气体抗性强。

3) 观赏特性与用途。锦带花花繁色艳，花期长达两个月之久，且适应性强，是北方园林中重要的观花灌木之一，宜植于各类绿地，也可作花篱或制作盆景，花枝可作切花瓶插。

(9) 大叶黄杨（又名冬青卫矛、正木，见图1—53）

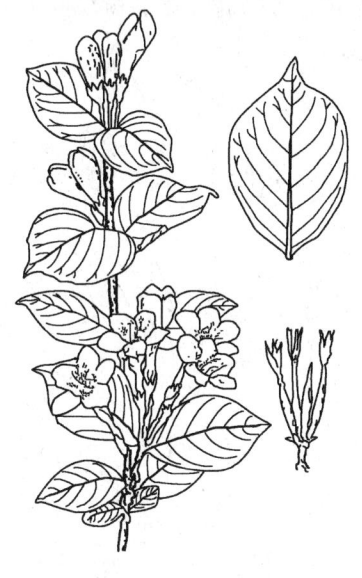
图1—52　锦带花

图1—53　大叶黄杨

1) 形态特征。常绿灌木或小乔木，树高可达8 m。小枝绿色，略呈四棱形。单叶对生，呈倒卵状椭圆形，长3～7 cm，革质光亮，边缘有锯齿，两面无毛。聚伞花序，花绿白色。蒴果扁球形，淡红色，熟后四瓣裂，露出橘红色假种皮。园艺栽培品种较多，常见的如金边大叶黄杨、金心大叶黄杨、银边大叶黄杨、斑叶大叶黄杨等。

2) 主要习性。喜光，也耐阴，喜温暖湿润气候，耐寒性不强，耐干旱瘠薄，对土壤要求不严，以中性肥沃壤土为好，极耐修剪，生长慢，寿命长。

3) 观赏特性与用途。大叶黄杨叶色浓绿而有光泽，四季常青，极耐修剪整形，园艺品种叶色斑斓，是江南地区最主要的绿篱树种之一，多用于规则式种植，也可盆栽观赏。

(10) 紫薇（又名痒痒树、百日红、满堂红、痒痒花、怕痒树、无皮树，见图1—54）

1) 形态特征。落叶灌木或小乔木，高可达 7 m。树冠不整齐，枝干多扭曲；树皮浅褐色，薄片状剥落后干特别光滑。小枝四棱，无毛。叶对生或近对生，呈椭圆形至倒卵状椭圆形，长 3～7 cm，先端尖或钝，基部广楔形或圆形，全缘，无毛或背脉有毛，具短柄。花鲜淡红色，径 3～4 cm，花瓣 6；萼外光滑，无纵棱；成顶生圆锥花序。蒴果近球形，径约 1.2 cm，6 瓣裂，基部宿花萼。花期 6—9 月，果 10—11 月成熟。

2) 主要习性。产亚洲南部及澳大利亚北部。中国华东、华中、华南及西南均有分布，各地普遍栽培。喜光，稍耐阴；喜温暖气候，耐寒性不强，北京需良好小气候条件方能露地越冬；喜肥沃、湿润而排水良好的石灰性土壤，耐旱，怕涝。萌蘖性强，生长较慢，寿命长。

3) 观赏特性与用途。紫薇树姿优美，树干光滑洁净，花色艳丽；开花时正当夏秋少花季节，花期较长，由 6 月可开至 9 月，故有"百日红"之称，又有"盛夏绿遮眼，此花红满堂"之说。最适宜种在庭院及建筑前，也宜栽在池畔、路边及草坪上。

(11) 紫荆（又名紫珠、满条红、裸枝树、箩筐树、苏芳花、馒头树，见图 1—55）

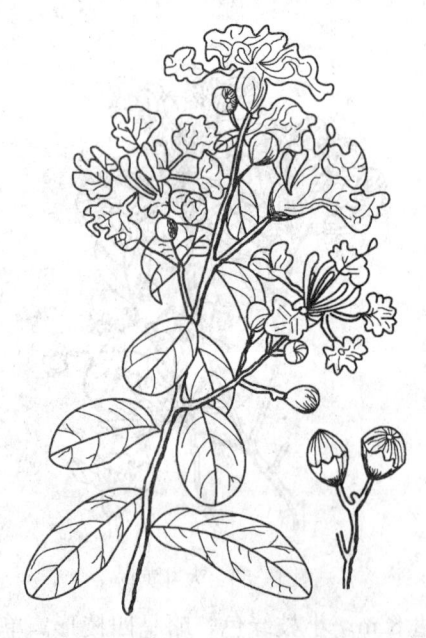
图 1—54　紫薇

图 1—55　紫荆

1) 形态特征。落叶乔木或灌木，高达 15 m，胸径达 50 cm，但在栽培情况下多呈灌木状。叶近圆形，长 6～14 cm，叶端急尖，叶基心形，全缘，两面无毛。花紫红色，4～10 朵簇生于老枝上。荚果长 5～14 cm，沿腹缝线有窄翅。花期 4 月，叶前开放；果 10 月成熟。

2) 主要习性。产于我国华中、华东、华南各省。性喜光，有一定的耐寒性，于北京需植于背风向阳地点。喜肥沃、排水良好的土壤，不耐淹。萌蘖力强，耐修剪。

3) 观赏特性与用途。早春叶前开花，无论枝、干均布满紫花，艳丽可爱。叶片心形，圆整而有光泽，光影相互掩映，颇为动人。宜丛植庭院、建筑物前及草坪边缘。因叶前开花，宜与松柏等配植为前景或植于浅色的物体前面，如白粉墙之前或岩石旁。

（12）木槿（见图1—56）

1）形态特征。落叶灌木或小乔木，高3～4（6）m。小枝幼时密被绒毛，后渐脱落。叶菱状或卵状，长3～6 cm，基部楔形，端部常3裂，边缘有钝齿，仅背部稍有毛；叶柄长0.5～2.5 cm。花单生叶腋，径5～8 cm，密生星状绒毛。花期6—9月；果9—11月成熟。

2）主要习性。原产东亚，中国自东北南部至华南各地均有栽培，尤以长江流域为多。喜光，耐半阴；喜温暖湿润气候，也颇耐寒；适应性强，耐干旱及瘠薄土壤，但不耐积水。萌蘖性强，耐修剪。对二氧化硫、氯气等抗性较强。可用播种、扦插、压条等法繁殖，而以扦插为主。硬枝插、软枝插均易生根。

3）观赏特性与用途。木槿夏秋开花，花期长而花朵大，且有许多不同花色和品种，是优良的园林观花树种。常作围篱和基础种植材料，也宜丛植于草坪、路边或林缘。因具有较强抗性，故也是工厂绿化的好树种。

（13）木芙蓉（见图1—57）

图1—56 木槿

图1—57 木芙蓉

1）形态特征。落叶灌木或小乔木，高2～5 m；小枝密生绒毛。叶卵圆形，径10～15 cm，掌状3～5（7）裂，基部心形，缘有浅钝齿，两面有星状绒毛。花大，单生枝端叶腋，清晨初开时粉红色，傍晚变成紫红色，副萼线形；花梗长5～10 cm，密被星状短柔毛；9—10月开花。

2）主要习性。产于中国南部，日本和东南亚地区有栽培。喜光，喜温暖，不耐寒，在长江以北地区栽培时，地上部分常被冻死，春天由根部抽条丛生；以水分适中而排水良好的土壤为好。

3) 观赏特性与用途。是著名的观赏花木，宜于庭院、坡地、路边、林缘及水畔栽种。北方也可盆栽观赏。花、叶及根皮均可入药。

(14) 杜鹃（映山红，见图1—58）

1) 形态特征。落叶灌木，分枝多。单叶，互生，叶卵形、椭圆状卵形至倒卵形，枝叶均有糙伏毛。2～6朵簇生枝顶，红色或深红色。蒴果，密生糙伏毛。花期4—6月，果熟期10月。

2) 主要习性。分布于我国中南部各省，以及西藏和台湾，是落叶杜鹃的代表。半阴性树，喜凉爽湿润气候和pH为4.5～6的偏酸性土壤，不耐石灰性土和黏质土，较耐干旱瘠薄，不耐水湿。有菌根，忌浓肥。以扦插繁殖为主，若能保持良好的空气湿度，成活率高。养护中注意经常性地进行肥水管理，特别是施肥时要实行"薄肥勤施"的原则，并要施酸性肥料。移植要带土球，一般在花后进行。

3) 观赏特性与用途。杜鹃花花繁色艳，品种丰富，是园林中十分重要的观赏花木，应用极其普遍，以往常配置在草坪、林缘、路旁、溪边、阶前、墙隅，均无不适，也有营建专类园的。近年来采用密植组成大色块，既大方又艳丽，效果相当不错。

4. 上海地区常见藤本与竹类植物

(1) 紫藤（见图1—59）

图1—58 杜鹃

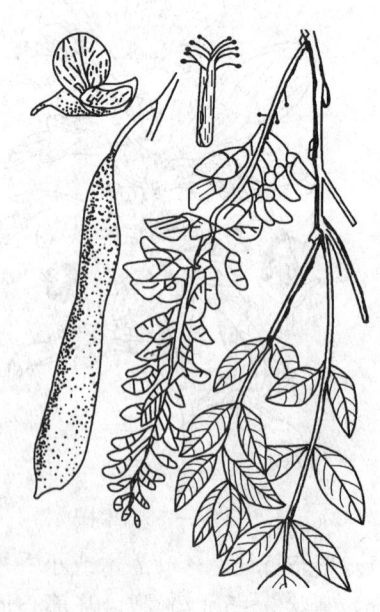

图1—59 紫藤

1) 形态特征。落叶藤木。茎枝为左旋性。小叶7～13片，通常11片，卵状长椭圆形至卵状披针形，长4.5～11 cm，宽2～5 cm，叶基阔楔形，幼叶密生平贴白色细毛，成长后无毛。总状花序长15～25 cm，花蓝紫色，长约2.5～4 cm，小花柄长1～2 cm。荚果长10～25 cm，表面密生黄色绒毛；种子扁圆形。花期4月。

2) 主要习性。原产中国，辽宁、内蒙古、河北、河南、江西、山东、江苏、浙江、湖南、陕西、甘肃、广东等省均有栽培。国外也有栽培。喜光，略耐阴；较耐寒；喜深厚肥沃而排水良好的土壤，有一定的耐干旱、瘠薄和水湿的能力。主根深、侧根少，不耐移植；生长快，寿命长。对城市环境耐性较强。花穗多发自去年短侧枝或长枝的腋芽及顶芽。

3) 观赏特性与用途。紫藤枝叶茂密，蔽荫效果强，春天先叶开花，穗大而美，有芳香，是优良的棚架、门廊、枯树及山面绿化材料。制成盆景或盆栽可供室内装饰。

(2) 孝顺竹（又名凤凰竹、孝竹，见图1—60）

1) 形态特征。灌木型竹，常绿，秆高2～7 m，绿色，秆径1～3 cm，幼时被白粉和小刺毛。地下茎为合轴丛生型，每节分枝多数，秆箨宽硬，箨叶直立。叶片线状披针形，长4～14 cm，每小枝上有5～10片叶，排成二列状。笋期9—11月。常见栽培变种有凤凰竹、花孝顺竹、斑叶凤凰竹等。

2) 主要习性。喜温暖湿润气候及深厚肥沃、排水良好的土壤，适应性较强，是我国丛生竹类中最耐寒的一种。

3) 观赏特性与用途。孝顺竹竹秆青绿，姿态婆娑秀丽，常孤植、群植于庭园、水边、草坪边缘、假山旁，或作隔景境界用，若在道路两侧对植、列植，效果甚佳。

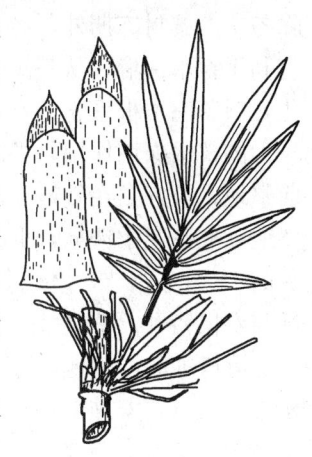

图1—60 孝顺竹

1.2 树木栽植

1.2.1 土壤准备

1. 整地的作用

(1) 改善立地条件。造林地整地对立地条件的改善体现在对土壤结构、养分和水分等方面的改善上。对于干旱区造林，水分缺乏是突出的限制因素，通过整地蓄水保墒，可以有效地解决土壤水分亏缺的问题。

(2) 保持水土。在易发生水土流失的地区，整地是水土保持的简易工程，通过整地形成的微地形、水平沟、水平阶和鱼鳞坑等，将坡面的雨水、径流和泥沙存贮起来，可有效地防止水土流失，为幼树蓄水保墒。

(3) 减少幼林危害。整地是通过消除有害生物的发育条件和改善造林地的热量条件两方面来减少新造幼林可能受到的危害。

(4) 便于造林施工。整地提高了造林质量，清除了杂草、灌木，改变了造林地的小地形，有利于合理进行种植点的配置。土壤经过深翻，人工栽植过程省力、省工，有利于保证造林质量。如整地达到规格要求，则不易产生窝根和覆土不足的现象。

(5) 提高造林成活率。经过整地后的土壤能促进幼林生长，特别是立地较差的土壤，水热条件得到改善，土壤肥力增加，有利于播种后种子发芽出苗，或植苗后苗木生根成活，通过整地，减弱了植被与林木对营养空间的竞争，有利于幼树的生长发育。

2. 整地的时间

整地的时间是保证发挥整地效果的重要环节，尤其在干旱地区更为重要。一般来说，除冬季土壤封冻期外，春、夏、秋三季均可整地，但以伏天为好，既有利于消灭杂草，又有利于蓄水保墒。从整个造林过程来看，一般应做到提前整地，这样有利于土壤充分熟化，杂草灌木根系充分腐烂，增加土壤有机质，改善土壤结构，调节土壤水分状况，发挥较大的蓄水保墒作用，提高造林成活率。同时也便于安排劳力，及时造林，不误林时。提前整地，最好是在整地和造林之间有一个降水较多的季节，如准备秋季造林，可在雨季前整地；准备春季造林，可在头年雨季以前或至少也要在秋季整地。因此，提前整地一般是提前 1~2 个季节，但最多不超过一年。在实际工作中，进行群众性造林时，整地时间最好与农忙错开。

有风蚀的沙荒地，过早整地易遭风蚀，所以应随整随造，一些新的采伐迹地，土壤疏松湿润，只要安排得好，也可以随整随栽。

3. 整地的方式、方法

整地要根据林种、树种的不同，视造林地立地条件因地制宜设计。除南方山地和北方少数农林间作造林田全面整地外，多为局部整地。

（1）全面整地。全面翻垦造林地土壤，主要适用于平原、无风蚀的沙荒地和坡度 15°以下水土流失轻微的缓坡地，以及林农间作或用来营造速生丰产林的造林地。翻垦深度一般在 25 cm 以上。全面整地幼林生长的效果好，但全面整地用工较多，成本高，有条件的地方可使用机械全面整地。但山地造林全面整地易造成水土流失，因此，不提倡全面整地。

（2）带状整地。呈长条状隔带翻垦造林地的土壤，在整地带之间保留一定宽度的不垦带。此法改善立地条件的作用较好，有利于水土保持，便于机械化作业。带状整地适用于平原地区水分较好的荒地、风蚀危害较轻的沙地、坡度平缓或坡度虽大但坡面平整的山地，以及伐根数量不多的采伐迹地和林中空地等。一般带状整地不改变小地形，如平地的带状整地（见图 1—61）及山地的环山水平带状整地（见图 1—62）。为了更好地保水保肥，促进林木生长，在整地时也可改变局部地形，如平地可采用犁沟整地（见图 1—63）、高垄整地（见图 1—64）。山地则可采用水平阶、水平沟、反坡梯田、撩壕等整地方法（见图 1—65 至图 1—68）。

（3）块状整地。即在栽植点周围进行块状翻垦造林地土壤。它不受地形条件限制，省工、成本低，是目前普遍采用的整地方法，广泛应用于山区、丘陵或平原、沙荒、沼泽地等。

块状整地面积的大小，应根据立地条件和树种特性，以及苗木规格而定，植被稀疏、土质疏松的，可采用小苗造林，整地规格可小些；反之，整地规格宜稍大些。一般边长或穴径都在 0.3~0.5 m。

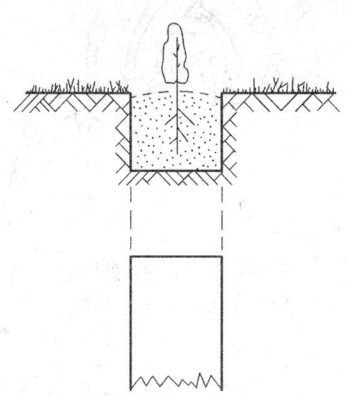

图1—61 平地的带状整地

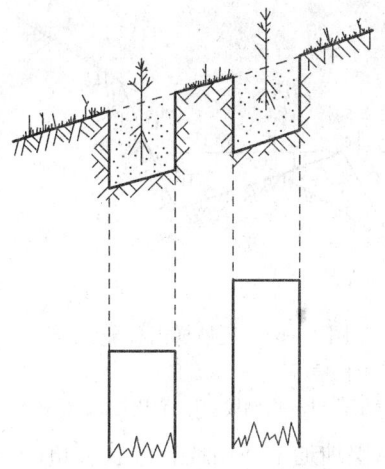

图1—62 山地的环山水平带状整地

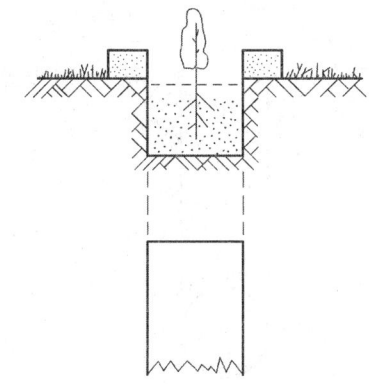

图1—63 犁沟整地

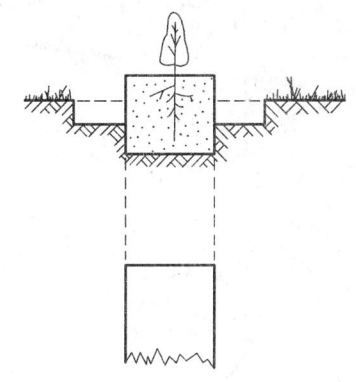

图1—64 高垄整地

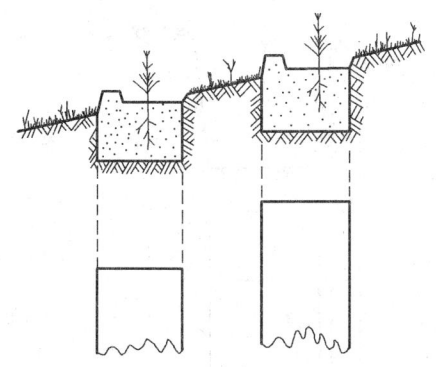

图1—65 水平阶整地

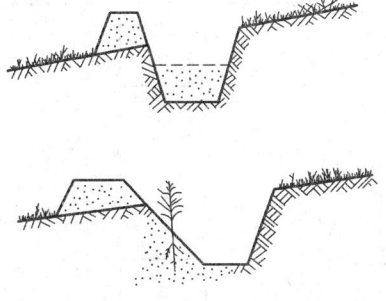

图1—66 水平沟整地

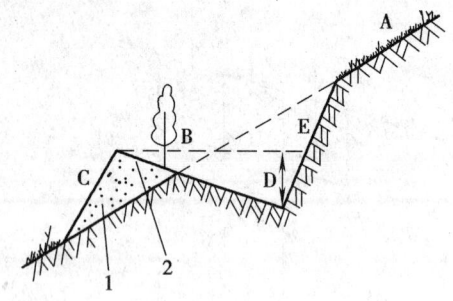 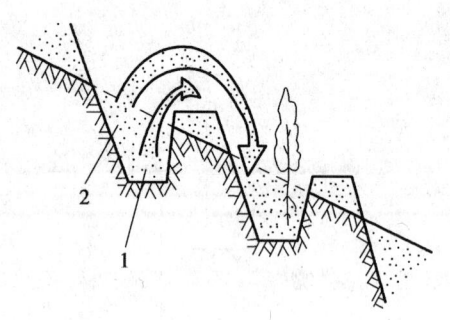

图1—67 反坡梯田整地　　　　　　图1—68 撩壕整地
A—自然坡面　B—田面宽　C—埂外坡　　　1—心土　2—表土
D—沟深　E—内侧坡　1—心土　2—表土

块状整地通常在山地有穴状、鱼鳞坑等整地方法，在平原有坑状、高台等整地方法，如图1—69至图1—74所示。

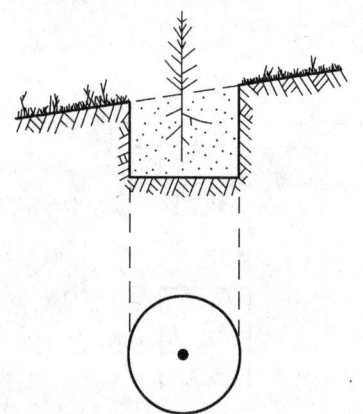 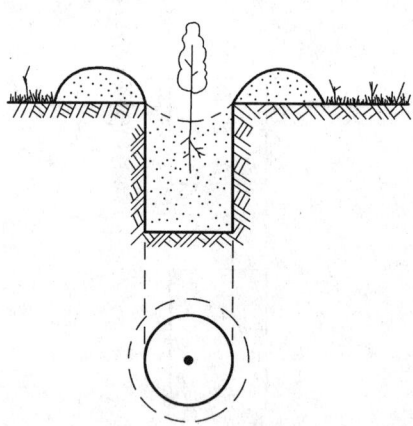

图1—69 穴状整地　　　　　　　　图1—70 坑状整地

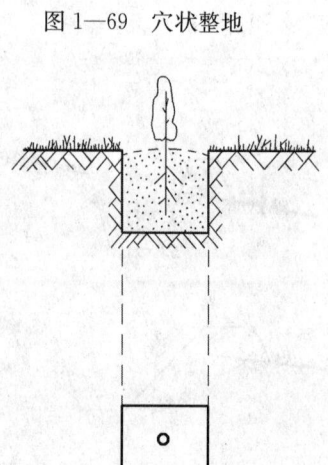 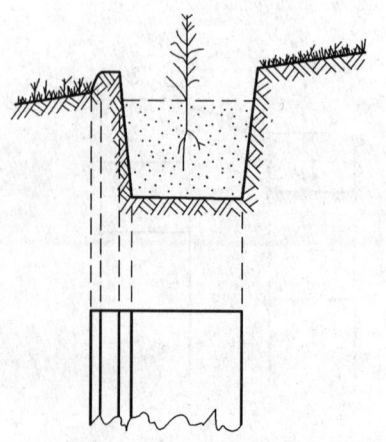

图1—71 平地块状整地　　　　　　图1—72 山地块状整地

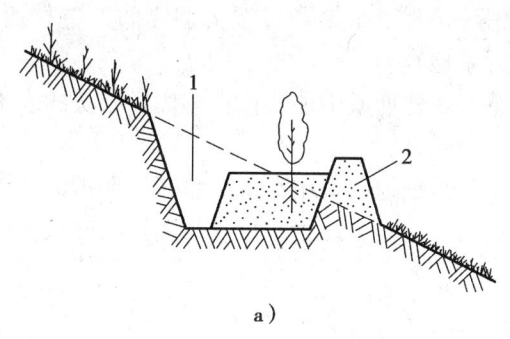
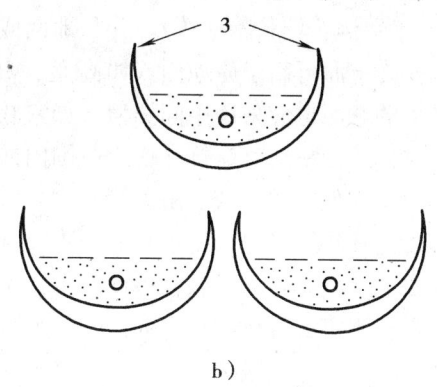

图 1—73 鱼鳞坑整地
1—蓄水沟　2—土埂　3—引水沟

此外，在土层浅薄、岩石裸露、过于贫瘠的石质山地，或土壤较差的平地或山地，可采用客土整地的方法，从其他地方取肥土堆入种植穴内。

4. 整地技术规格要求

为了保证整地效果，有利于幼林生长，除了因地制宜地选择整地方法外，还要强调整地的质量要求，尤其应保证整地深度、破土宽度和断面形式的规格质量。

（1）整地深度。整地深度是整地各种技术中最重要的指标。确定整地深度时，应考

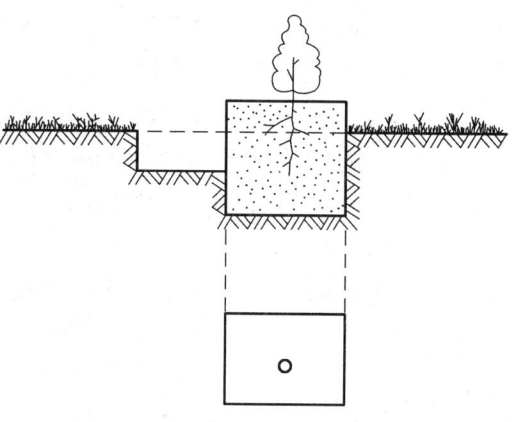

图 1—74 高台整地

虑地区的气候特点、造林地的立地条件、林木根系分布的特点，以及经济和经营条件等。一般来说，在干旱地区、阳坡、低海拔、水肥条件差的地方，深根性树种或速生丰产林经营强度较大时，整地深度宜稍大，通常在 50 cm 左右。相反，整地深度可适当小些。但整地深度的下限应超过造林常用苗木根系的长度，一般为 20～30 cm。

（2）破土宽度。局部整地时的破土宽度，应以在自然条件允许和经济条件可能的前提下，力争最大限度地改善造林地的立地条件为原则。具体应根据发生水土流失的可能性、灾害性气候条件、地形条件、植被状况以及树种要求的营养面积和经济条件等综合考虑。在风沙地区和山区容易发生风蚀和水蚀，破土宽度不宜过大，但还应综合考虑其他条件，如山区坡度不大、杂灌木高大茂密，在经营条件可能的情况下，破土宽度可较大。

（3）断面形式。断面形式是指破土面与原地面（或坡面）所构成的断面形式，一般多与造林地区的气候特点和造林地的立地条件相适应。在干旱地区，破土面可低于原地面

（如水平沟、坑状整地等），并与地面成一定角度，以构成一定的积水容积。在水分过多地区，破土面可高于原地面（如高垄、高台整地等）。介于干旱和过湿类型之间的造林地，破土的断面也应采用中间类型（如穴状、带状等整地）。

此外，整地时应拣尽松土范围内的石块、草根，地埂或横埂要修得牢固，肥沃的表土要集中在预定的种植点附近等。

造林整地（包括清理）是一项相当繁重的工作，整地的费用在造林总开支所占的比重也很大。因此，为了减轻劳动强度、降低造林成本和提高劳动生产率，需要不断改进整地工具，逐步实现机械化作业。

1.2.2 栽植管理

1. 苗木准备

（1）苗木种类。苗木种类分为实生苗和营养繁殖苗两大类，植苗造林使用的苗木有播种苗、营养繁殖苗和移植苗等，因营造林种不同，使用苗木种类也不同，如营造用材林，3种苗木都可使用，而山地造林多用播种苗或移植苗，营造防护林和四旁绿化多用移植大苗。近年来广泛使用容器苗造林，对提高造林成活率有显著的效果。

（2）苗木标准。苗木标准包括苗木年龄和苗木品质等几个方面，苗龄大小关系到苗木的适应性和抗逆性，植苗造林所用苗龄的大小，取决于树种的生物学特性、造林地立地条件和苗木生长情况等。山地大面积造林一般多采用1~2年生小苗，因小苗的育苗、起苗、运苗、栽植都比较省工，在起苗过程中根系损伤也少，栽植过程中容易做到根系舒展，苗木地上和地下部分的水分易于平衡，因此，造林成活率高，生长也比较好。但小苗对杂草及干旱的抵抗力较弱，栽后需加强抚育保护工作。对那些生长缓慢的针叶树苗或在立地条件差的地区造林，用较大的苗木比较适宜。四旁植树和营造风景林、经济林时，为了在短期内见到成效，也多用大苗。

苗木品质是指使用良种培育的符合标准的壮苗，这是保证造林成活、成林、成材的基础。造林用苗木，除应具有优良的遗传品质外，还必须是优质的标准壮苗。造林树种不同，其壮苗标准也不一样，各地应根据国家颁布的GB 6000—1999主要造林树种苗木质量分级标准参照执行。

（3）苗木的保护和处理。植苗造林成活的关键在于苗木体内的水分平衡。如果苗木失水过多，生理机能就会受到破坏，栽植后就不易成活。因此，必须在起苗到栽植的过程中保护好苗木，尤其是要把苗木的根系保护好，不让它受损伤和干燥。这就要求尽量缩短从起苗到栽植的时间，使起苗与造林紧密衔接，最好是随起随栽，当天起当天栽。在苗木的运输过程中，要保持苗根湿润，不受风吹日晒。运到造林地后，要及时栽植或假植。如果假植时土壤干燥，要适量喷水。从假植沟中取出的苗木，应放到有湿润草的盛苗器中，并加覆盖，及时栽植。

同时，应在栽植前对不同树种的苗木地上部分采取截干、修枝、剪叶等方法处理；地下部分采用修根、浸水、打泥浆等方法处理,还可采用一定浓度的食盐水、草木灰水、尿素、磷肥等浆根,这对苗木成活生长具有一定的效果。

2. 适季适栽

造林是季节性很强的工作,若造林季节适宜,有利于苗木恢复生长和提高造林成活率。最合适的栽植季节,应该是种苗具有较强的发芽生根能力,而且易于保持苗木体内水分平衡的时期,即苗木地上部分生长缓慢或处于休眠期,苗木茎叶的水分蒸腾量最少,根的再生能力最强的时候。同时,外界环境应无霜冻、气温低、湿度大,适合苗木生根所需要的温度和湿度条件。此外,还要考虑鸟、兽、病、虫为害的规律及劳力情况等因素。我国地跨寒、温、热三个地带,各个地区地形、地势不同,小气候千差万别,再加上造林树种繁多,特性各异,因此,在确定造林季节时,必须因地因树制宜。从全国来看,一年四季都有适宜的树种用于造林。

春季是我国多数地区的主要造林季节。这时,气温回升,土温增高,土壤湿润,有利于苗木生根发芽,造林成活率高,幼林生长期长。春季造林宜早,一般来说,南方冬季土壤不冻的地方,立春后就可以开始造林;北方只要土壤化冻后就应开始造林(即顶浆造林)。早春,苗木地上部分还未生长,而根系已开始活动,所以早栽的苗木早扎根后发芽,蒸腾小,易成活。但早春时间短,为抓紧时机,可按先栽萌动早的树种,如松、柏、杨、柳等,后栽萌动迟的树种,如杉木、榆、槐、栎等;先低山,后高山;先阳坡,后阴坡;先轻壤土,后重壤土的顺序安排造林。

在冬春干燥多风、雨雪少,而夏季雨量比较集中的地区(如华北、西南和华南沿海等地),可进行雨季造林。雨季造林天气炎热多变,时间较短,造林时机难以掌握,过早过迟或栽后连续晴天,苗木都难以成活,因此,雨季造林应在连续阴雨天,或透雨后的阴天进行。雨季造林的树种以常绿树种及萌芽力强的树种为主,如樟树、相思树、桉树、木麻黄、柳树及油松、侧柏等。造林宜用小苗,阔叶树可适当剪叶修枝或带土栽植,尽量做到就地取苗,就地造林,妥善保护苗木,防止枯萎。近些年来,随着容器苗造林的发展,多应用百日苗、半年生苗或一年半生针叶树容器苗雨季造林,并已取得成功的经验。

秋季气温逐渐下降,土壤水分状态较稳定。由于苗木落叶或体内生理活动不活跃,地上部分蒸腾大大减少,而在一定的时期内,根系还有一定的活动能力,栽后容易恢复生机,来春苗木生根早。因此,在春季比较干旱、秋季土壤湿润且气候温暖、鼠兽等动物为害较轻的地区,可以秋季栽植,但秋植不可过早或过迟。过早,树叶未落,蒸腾作用大,易使苗木干枯;过迟,则土壤冻结,不但栽植困难,而且根系不能恢复,对栽植成活不利。在秋冬雨雪少或有强风吹袭的地区,对于秋季截干栽植、萌蘖力强的阔叶树种,能提高成活率。

在冬季土壤冻结或结冻期很短,气候寒冷干燥不很明显的南方,可在冬季植苗造林,这是春季造林的提前或秋季造林的延续。因此,在湿润的地方,除冬季严寒和土壤干燥时期应停止造林外,一般从秋末到早春期间均可栽植。冬季造林,北方以落叶阔叶树为主,南方林区适合冬季造林的树种很多，有些地方也可以栽竹。

造林季节确定后，还要选择合适的天气。一般多选择雨前、雨后、毛毛雨天或阴雨天植苗造林，避免在西北大风、南风天气造林。因这种天气时气候干燥，蒸腾量大，造林成活率低。晴天应尽量避免在阳光强烈、气温高的中午造林。

3. 栽植方法

植苗造林可分为裸根苗栽植和带土苗栽植两大类。大面积栽植主要采用裸根苗。

（1）裸根苗栽植。即苗木根部不带土的栽植方法。目前，除部分平原地区、草原和沙地采用机械化植苗外，大部分地区多用手工栽植。手工栽植常用的方法有：穴植、靠壁栽植和缝植等方法。

1）穴植法。即在经过整地的造林地上挖穴栽植。它是生产上应用最普通的一种方法，常用于栽植侧根发达的苗木。栽植前，应认真挖好栽植穴，表土和心土分别放置。栽植时根系放入穴中，使苗根舒展，苗茎挺直，然后填入肥沃表土、细土，当填到2/3时，将苗木稍向上轻提，使苗根伸直，防止窝根和栽植过深；然后踩紧，再将余土填满，再踩实；最后覆盖松土，以减少水分蒸发，这个过程叫"三埋二踩一提苗"。同时，栽时要注意栽植深度要适当，不能太深或过浅，一般适宜的深度应比苗木在苗圃地时的根颈处深2~3 cm，具体栽植深度因树种、苗木大小、造林季节、土壤质地而异。穴植法栽苗成活的技术关键是：穴大根舒、深浅适当、根土密接。

2）靠壁栽植。又称小坑靠边栽植，类似穴植法。但穴的一壁要垂直，栽植时使苗根紧贴垂直，从另一侧填土培根踩实，栽植工序如穴植。此法省工，并可使部分苗根与未被破坏毛细管作用的土壤密接，能及时供应苗木所需水分，有利于苗木成活，所以常用于较干旱地区针叶树小苗的栽植。

3）缝植法。指在植苗点上开缝栽植苗木的方法。栽植时先用锄头（镐）或植苗锹开一缝穴，并前后推挖，缝穴深度略比苗根长，随手将苗木根系放入窄缝中，使苗根和土壤紧贴，防止上紧下松和根系弯曲损伤。缝植法栽植效率高，如按操作技术认真栽植，可保证质量。但缝植法只适用于疏松的沙质土和栽植侧根不多的直根系树种的小苗。

（2）带土苗栽植。指起苗时根系带土，将苗木连土团（球）栽植在造林地上的方法。由于根系有土团包裹，能保持原来的分布状态，不受损伤，且栽植后根系不易变形，容易恢复吸水、吸肥等生理机能，所以苗木成活率高，成林快，能尽快达到绿化目的。但此法起运苗木困难，栽植费工，大面积造林不宜采用。带土苗栽植常用于容器苗造林、城市绿化、四旁植树或珍贵树种大苗栽植。

容器苗造林具有栽植技术简便、不受造林季节限制、能延长造林期限、便于调配劳力、造林成活率高等优点。采用容器苗造林，从起苗到栽植整个过程都要认真细致，保持营养土的完整。凡苗根不易穿透的容器（如塑料容器），应撤除。栽植时，应注意将容器苗周围的覆土分层压实，而不损坏原带土团，覆土厚度一般应盖过容器2 cm左右，并在苗木根兜周围盖草，以减少土壤水分蒸发。

4. 松土除草

松土和除草是两项工作，可结合进行，也可单独进行。其作用是切断土壤表层毛细管联系，以减少土壤水分蒸发，增加土壤透水性和保水性，促进土壤微生物的活动，加速有机物的分解和转化，从而提高土壤营养水平，清除影响林木生长的杂草，有利于幼林的成活与生长。

人工林松土除草一般连续3~5年，直到幼林全部郁闭为止。每年1~3次，具体要看杂草和林木的生长情况而定，一般第一、二年2~3次，第三、四年1~2次。松土除草应根据幼树年生长规律，在高生长旺盛期来临前的季节进行。同时，还应考虑草灌生活习性及气候土壤状况等因素。松土深度要适当，做到里浅外深，坡地应浅，平地可深，一般以5~20 cm为宜。松土除草要求做到"三不伤，二净，一培土"。三不伤是不伤根、不伤皮、不伤梢；二净是杂草除净，石块拣净；一培土是把锄松的土壤培到植株根部，并把锄下的杂草覆盖在种植点上，以减少地表水分蒸发和增加有机质。

目前，人工林松土除草多为手工作业，有条件的地方如平原，可采用机械抚育，也可农林间作，实行以耕代抚。此外，人工幼林使用化学除草剂，工效高、成本低，有利于幼林生长，是营林措施现代化的标志。

5. 肥水管理

（1）灌溉和排水。灌溉和排水是人为调节造林地土壤水分状况、提高造林成活率、促进幼林生长的有效措施，但鉴于我国目前林业生产的现状，只能对小部分农田防护林、四旁林及部分经济林灌水，而大面积荒山造林的灌溉和排水有待进一步解决。

（2）林地施肥。幼林地施肥是集约经营森林的重要技术措施之一。它是补充养分、改善地力、提早幼林郁闭、提高林分质量、缩短成材年限、促进林木结实的有效措施。目前，我国一些地方除对经济林、母树林、种子园施肥外，还对速生用材林施肥，也收到了良好的效果。

人工林的施肥时期应以造林前后、全面郁闭后和主伐前数年这三个时期为主，造林前施肥可在整地时结合施基肥（撒施或穴施）。直播造林可用肥料拌种或结合拌菌根土后播种；实生苗造林可使用沾根肥。造林后施肥多结合幼林抚育时松土后开沟进行，但也可全面撒施。全面郁闭后和主伐前施肥，可用人工或用飞机全面撒肥。

在低山的幼林地间种绿肥，同时定期压青，这是利用生物固氮、增加林地有机质的一种有效方法，值得提倡。

6. 幼林管理

（1）间苗。播种和丛植造林时，当幼苗生长到一定高度，互助作用小于有害作用时，应及时间苗、定株，可一次完成，也可分两次完成。生长快的阔叶树如刺槐，苗木生长快，可在苗高4~6 cm第一次间苗，苗高10 cm左右定株；针叶树生长较慢，幼苗喜丛生，可在第二年到第四年间开始间苗。

（2）除蘖。主要指截干造林和平茬之后，苗干上往往生出2~10株萌蘖苗，可在其生长达 20～30 cm 左右时将大部分除去，只留生长良好的 2～3 株，高 50 cm 左右定株，风大的地方留迎风面的萌蘖苗，以防被风吹折。

（3）平茬。萌蘖能力比较强的树种，当 2～4 年生苗干不理想时，可用平茬的方法使其重新萌芽，而且有些利用枝条的灌木树种，为了采条也可采用平茬的方法，刺激其基部萌生长条。

平茬一定要在落叶之后、春天树芽萌动之前，只有这一段时间根内养分含量高，萌蘖能力强，新萌条旺盛，其他时间由于营养不足、萌蘖条少，生长不良。

（4）摘芽。用生长较快的一年生苗造林后，其侧芽和主梢同时生长，叶多蒸腾快，刚刚成活的幼根数量少，根系短，吸水少，往往造成水分循环失调，影响全树生长。应在侧芽刚萌出、小叶未展开前，将苗干下部 2/3 的侧芽全部除去，以保证幼树正常生长。截干造林和平茬的第二年，也要将前一年生的幼干下部 1/2 的侧芽除去，以保证高生长。

（5）修枝。对树干不直、侧枝较大的树种，在造林后 2～4 年内，进行修枝可促进高生长，减少疤节。修枝时茬口要与树干平，以保证尽快愈合。修枝的时间宜在落叶后、春季发芽前进行。

7. 幼林保护

幼林保护是造林后为保证造林成活成林而采取的保护性措施。其内容包括封山育林，防火，防治病、虫、鼠、鸟、兽害，防除寒害、冻拔、雪折、日灼等。

（1）封山育林。在造林后 2～3 年内幼林平均高达 1.5 m 以前应对幼林封山育林。新造幼林比较矮小，对外界不良环境的抵抗力弱，幼苗容易受牲畜践踏，林地上土壤板结。同时，不合理的割草砍柴也容易伤割幼树，降低土壤肥力，影响幼林成活生长。因此，应严禁放牧、砍柴、割草，加强宣传教育，建立各项管护制度，订立护林公约，把封山与育林结合起来。

（2）预防火灾。在人工幼林地，特别是针叶树林，更应注意防火工作。林区要健全护林防火组织，订立各种防火制度，严格控制火源。还应尽量多造混交林和阔叶林，开好防火线，营造防火林带，设置瞭望台，加强巡逻，及时发现火警，配置专职护林人员，做好护林防火工作。

（3）防治病、虫、鼠、鸟、兽害。为了防治这类为害，必须认真贯彻"预防为主，综合治理"的方针。从造林设计和施工时起就应采取各项预防措施，如营造混交林预防病虫害的发生与蔓延；直播造林采用农药拌种以防鸟、鼠、害等；以生物防治为主，辅以药剂和人工捕杀等综合措施防治病虫害；健全林木检疫机构，认真做好林木苗检疫和病虫害测报工作，防止为害性病虫的传播和蔓延。

（4）防除寒害、冻拔、雪折和日灼等危害。在冬春早风严重为害的地区，对幼林易受寒害的树种，可在秋末冬初覆土防寒。在排水较差或土壤黏重地区，对易受冻拔危害的树种，可采取高台整地、降低地下水位、林地覆草的措施，以免冻拔害的发生。在容易发生雪折的地区，应注意选择树种，也可选低海拔山地造林，成林后及时抚育间伐和适当修枝。对容易遭受日灼为害的树种，应避免在盛夏季节除草松土。

8. 幼林补植

（1）人工林评定标准

1）合格。年均降水量 400 mm 以上地区及灌溉造林，成活率在 85％以上（含 85％）；年均降水量在 400 mm 以下地区，成活率在 70％以上（含 70％）。

2）补植。年均降水量在 400 mm 以上及灌溉造林，成活率在 41％～84％；年均降水量在 400 mm 以下地区，成活率在 41％～69％。

3）重造。成活率在 40％以下（含 40％）。速生丰产用材林分别按树种专业标准检查验收，造林合格计入造林面积。

（2）补植。根据造林检查，成活率在 41％～84％时，进行补植造林；成活率不足 40％时重造，补植或重造要及时。

植苗造林的补植应用同龄大苗；飞播造林和封山（沙）育林地，主要根据成苗和成效，适时补植、补播。

操作技能训练

一、森林植物识别

根据森林植物的形态特征，通过现场或实物标本，认识以下森林植物。

1. 规定用时

30 min。

2. 操作条件

栽植以下森林植物的林场或 60～70 m² 教室以及放置实物标本的操作台若干、识别用的带叶的树木枝条。

3. 操作内容

根据实际条件，可在室内外进行树木识别。识别的主要树木有：

（1）针叶树。银杏、雪松、湿地松、五针松、水杉、池杉、柳杉、杉木、圆柏、柏木、罗汉松。

（2）阔叶树。白玉兰、紫玉兰、广玉兰、欧美杨、垂柳、悬铃木、梧桐、泡桐、枫杨、榆树、榉树、朴树、构树、苦楝、香椿、臭椿、乌桕、香樟、桂花、女贞、鸡爪槭、重阳木、珊瑚树、合欢、蚊母、丁香、马褂木、紫叶李、含笑、蜡梅、小叶黄杨、大叶黄杨、紫薇、紫荆、木槿、木芙蓉、山茶、石楠。

（3）藤本与竹类。紫藤、孝顺竹。

4. 操作要求

按序书面回答所提供的森林植物的名称。

护林工（初级）

森林植物识别

序号	名称	序号	名称	序号	名称
1		15		29	
2		16		30	
3		17		31	
4		18		32	
5		19		33	
6		20		34	
7		21		35	
8		22		36	
9		23		37	
10		24		38	
11		25		39	
12		26		40	
13		27		得分：	
14		28			

二、树木的移植

选择中小型常绿灌木或中小型落叶阔叶乔木，每人一株，按照移植要求，独立完成操作。

1. 树木的带土球移植

（1）规定用时：30 min。

（2）操作条件。中小型常绿灌木、移植铲、浇水桶、草绳、运输工具若干。

（3）操作内容

1）起苗、包扎、运输。土球匀称；球面光滑、整齐；掏底正确。草绳湿软；单股单轴均过球底中心；腰绳扎牢。随挖随运。

2）挖坑。大小与土球规格相宜（比土球大 0～30 cm）；坑面光滑平整；生土、熟土分开堆放。

3）栽植。朝向正确；分层夯实、深度适宜；培土浇水合理。

（4）操作要求。土球大小、形状相宜，上大下小呈苹果状，厚度为直径的 2/3 左右。正确挖掘、包扎，运输安全，不伤土球和树木。合理栽植，无浪费；无损伤；清场自觉、符合规范要求、文明操作与安全。

2. 树木的裸根移植

（1）规定用时：30 min。

（2）操作条件。中小型落叶阔叶乔木、移植铲、浇水桶、草绳、运输工具若干。

(3) 操作内容

1) 起苗、运输。根系保留（一般2～3年生苗木保留根幅直径为30～40 cm），切根，提苗干，抖宿土。随挖随运。

2) 挖坑。大小相宜；坑面光滑平整；生土、熟土分开堆放。

3) 栽植。朝向正确；分层夯实、深度适宜；培土浇水合理。

(4) 操作要求。正确挖掘，运输安全，不伤土球和树木。合理栽植，无浪费，无损伤。清场自觉、符合规范要求、操作文明安全。

三、树木修剪技术

选择中小型乔木或灌木，每人一株，按照修剪的要求，独立完成操作。

1. 规定用时

30 min。

2. 操作条件

中小型树木、修枝剪、手锯。

3. 操作内容

(1) 修剪的轻重程度。修剪程度适宜，疏枝、留枝、截枝与树种、树势相适应。

(2) 修剪效果。造型美观，枝条分布得当。

4. 操作要求

修剪方法正确，剪枝合理，剪口处理得当，造型美观。动作规范，自觉清场，操作文明安全。

单元测试题

一、单项选择题（下列每题的选项中，只有1个是正确的，请将其代号填在横线空白处）

1. 构造生物有机体的基本单位是_____。
   A. 器官　　　　B. 组织　　　　C. 细胞　　　　D. 分子
2. 具有分裂能力的细胞组织是_____。
   A. 分生组织　　B. 输导组织　　C. 保护组织　　D. 机械组织
3. 下列器官中，_____不属于营养器官。
   A. 茎　　　　　B. 叶　　　　　C. 花　　　　　D. 根
4. 种子一般是由_____、胚乳和种皮几部分组成。
   A. 果皮　　　　B. 胚皮　　　　C. 胚　　　　　D. 子叶
5. 根的主要功能是起_____作用。
   A. 储藏　　　　B. 吸收　　　　C. 合成　　　　D. 输导
6. 茎的主要功能是起_____作用。

A. 吸收　　　　B. 合成　　　　C. 输导　　　　D. 生长

7. 一个完全叶由_____、叶柄和托叶三部分组成。

　　A. 叶片　　　　B. 叶刺　　　　C. 叶脉　　　　D. 叶序

8. 通常把果实分为肉果和_____两类。

　　A. 浆果　　　　B. 荚果　　　　C. 干果　　　　D. 单果

9. 只有一片子叶的植物是_____。

　　A. 裸子植物　　B. 被子植物　　C. 单子叶植物　D. 双子叶植物

10. 树木包括各种乔木、灌木、木质藤本以及竹类，下列乔木中_____属于灌木。

　　A. 槐树、孝顺竹、凌霄　　　　B. 松树、杨树、紫竹

　　C. 迎春、蜡梅、黄杨　　　　　D. 地绵、木香、麻叶绣球

11. 叶到秋季会变成黄色或红色是因为_____。

　　A. 叶片中叶绿素减少而黄色素和花青素等质体增加

　　B. 叶片干枯了

　　C. 叶片中只有黄色素和花青素

　　D. 叶片中没有叶绿素

12. 种子萌芽时，胚芽_____。

　　A. 长成幼苗的根　　　　　　　B. 储藏养分

　　C. 输送养分　　　　　　　　　D. 长成幼苗的茎和叶

13. 起着运输水分、无机盐和有机养料的植物组织是_____。

　　A. 分生组织　　　　　　　　　B. 输导组织

　　C. 保护组织　　　　　　　　　D. 分泌组织

14. 由种子的胚根发育而成的根称为_____。

　　A. 主根　　　　B. 侧根　　　　C. 支根　　　　D. 须根

15. 植物叶片的主要功能是_____。

　　A. 呼吸作用　　B. 输导作用　　C. 光合作用　　D. 吸收作用

16. 以下植物中，_____的花为单生花。

　　A. 牡丹、梅花　　　　　　　　B. 牡丹、紫藤

　　C. 月季、紫藤　　　　　　　　D. 紫藤、唐菖蒲

17. 植物的下列器官中，_____属于生殖器官。

　　A. 根、叶、果实　　　　　　　B. 花、果实、种子

　　C. 花、茎、叶　　　　　　　　D. 种子、茎、叶

18. 植物细胞的基本结构是由原生质体、液泡和_____三部分构成的。

　　A. 细胞质　　　B. 细胞核　　　C. 细胞壁　　　D. 叶绿体

19. _____能减少植物体内水分的散失，防止机械损伤和病虫侵入。

　　A. 分泌组织　　B. 保护组织　　C. 输导组织　　D. 薄壁组织

20. 扦插、压条是利用枝条、叶、根及地下茎等能产生_____的特点。
    A. 初生根　　　　B. 不定根　　　　C. 次生根　　　　D. 三生根
21. 树皮剥去后，树就会死亡，是因为树皮不仅包括周皮，还有_____。
    A. 栓内层　　　　B. 木栓形成层　　C. 韧皮部　　　　D. 木质部
22. 具有攀缘功能的植物如紫藤、葡萄等，其茎不能直立生长，是依靠_____等器官攀缘他物而生长的。
    A. 不定根　　　　B. 板状根　　　　C. 卷须和气生根　D. 攀缘根
23. 下列树种中，落叶乔木是_____。
    A. 香樟　　　　　B. 银杏　　　　　C. 女贞　　　　　D. 雪松
24. 下列树木中，树形呈尖塔形的是_____。
    A. 侧柏　　　　　B. 水杉　　　　　C. 黑松　　　　　D. 银杏
25. 下列树种中，叶最小的是_____。
    A. 垂柳　　　　　B. 水杉　　　　　C. 紫叶李　　　　D. 银杏
26. 下列灌木中，_____是常绿树。
    A. 黄杨　　　　　B. 贴梗海棠　　　C. 蜡梅　　　　　D. 郁李
27. 属于上海乡土树种的是_____。
    A. 香樟　　　　　B. 雪松　　　　　C. 黑松　　　　　D. 湿地松
28. 下列树种中，耐寒性最差的是_____。
    A. 雪松　　　　　B. 湿地松　　　　C. 罗汉松　　　　D. 黑松
29. 下列竹子中，_____可用做地被植物。
    A. 孝顺竹　　　　B. 毛竹　　　　　C. 箸竹　　　　　D. 钢竹
30. 下列竹子中，_____是丛生竹。
    A. 孝顺竹　　　　B. 毛竹　　　　　C. 紫竹　　　　　D. 钢竹
31. 下列树种中，常绿的是_____。
    A. 广玉兰　　　　B. 白玉兰　　　　C. 紫玉兰　　　　D. 紫叶李
32. 下列树种中，秋叶黄色的是_____。
    A. 白玉兰　　　　B. 银杏　　　　　C. 水杉　　　　　D. 香樟
33. 下列树种中，树冠不呈塔形的是_____。
    A. 水杉　　　　　B. 雪松　　　　　C. 湿地松　　　　D. 银杏
34. 下列树种中，叶片最阔的是_____。
    A. 雪松　　　　　B. 水杉　　　　　C. 罗汉松　　　　D. 池杉
35. 银杏不耐_____。
    A. 寒　　　　　　B. 旱　　　　　　C. 积水　　　　　D. 阳光
36. 香樟幼年树皮呈_____。
    A. 绿色、光滑　　　　　　　　　　B. 灰褐色、光滑

C. 灰褐色、不规则纵裂　　　　　D. 棕色、有裂纹

37. 白玉兰是_____。
    A. 先花后叶　　B. 先叶后花　　C. 花叶同放　　D. 季节交替

38. 悬铃木的叶为_____。
    A. 掌状复叶　　　　　　　　　B. 单叶掌状分裂
    C. 单叶全缘　　　　　　　　　D. 羽状复叶

39. 榉树树冠呈_____。
    A. 宝塔形　　　　　　　　　　B. 广圆形
    C. 倒卵状伞形　　　　　　　　D. 平顶形

40. 朴树的叶脉为_____。
    A. 羽状脉　　B. 三出脉　　　C. 掌状脉　　　D. 五出脉

41. 乌桕穗状花序_____。
    A. 顶生　　　B. 簇生　　　　C. 侧生　　　　D. 腋生

42. 鸡爪槭叶呈_____。
    A. 掌状浅裂　B. 掌状深裂　　C. 羽状浅裂　　D. 羽状深裂

43. 贴梗海棠花簇生于_____枝条上。
    A. 一年生　　B. 二年生　　　C. 多年生　　　D. 一二年生

44. 蜡梅_____。
    A. 先叶后花　B. 先花后叶　　C. 花叶同放　　D. 季节交替

45. 锦带花花冠呈漏斗状钟形，端_____裂。
    A. 3　　　　B. 4　　　　　C. 5　　　　　D. 7

46. _____为针叶常绿乔木。
    A. 水杉　　　B. 黄杨　　　　C. 雪松　　　　D. 广玉兰

47. _____属于阔叶落叶树。
    A. 柳杉、湿地松　　　　　　　B. 银杏、香樟
    C. 垂柳、悬铃木　　　　　　　D. 榆树、女贞

48. 上海市的市花是_____。
    A. 广玉兰　　B. 紫玉兰　　　C. 二乔玉兰　　D. 白玉兰

49. 提前整地一般是提前_____。
    A. 1个月　　B. 2个月　　　C. 1~2季节　　D. 1年

50. 整地翻垦深度一般在_____。
    A. 15 cm以上　B. 25 cm以上　C. 50 cm以上　D. 100 cm

51. 整地的时间一般来说除_____外，其他三季均可进行。
    A. 春季　　　B. 夏季　　　　C. 秋季　　　　D. 冬季

52. _____幼林生长的效果好。

A. 全面整地　　　B. 带状整地　　　C. 块状整地　　　D. 条状整地
53. _____的整地深度宜应稍深些。
    A. 生根性树种与速生丰产林　　　B. 浅根性树种与速生丰产林
    C. 浅根性树种与慢生树种　　　　D. 速生树种与慢生树种
54. 整地的作用有改善立地条件、保持水土、减少幼林危害、便于造林施工和_____。
    A. 方便浇水　　　　　　　　B. 提高造林成活率
    C. 便于机械化操作　　　　　D. 便于施肥
55. 在实际工作中，进行群众性造林时，整地时间最好与_____。
    A. 农忙错开　　B. 农闲错开　　C. 节日错开　　D. 以上三项都是
56. 整地各种技术中最重要的指标是_____。
    A. 整地时间　　B. 整地深度　　C. 整地方法　　D. 破土宽度
57. 栽植生长缓慢的针叶树，宜用_____。
    A. 小苗　　　　B. 大苗　　　　C. 实生苗　　　D. 嫁接苗
58. 对苗木地上部分采取截干、修枝、剪叶主要是为了_____。
    A. 减少水分蒸发　B. 运输方便　　C. 及时造型　　D. 收集资源
59. 我国的植树节定在_____。
    A. 3月10日　　B. 3月12日　　C. 3月15日　　D. 3月18日
60. 裸根苗栽植深度一般比在苗圃地时的根茎处深_____cm。
    A. 2~3　　　　B. 5~6　　　　C. 7~8　　　　D. 9~10
61. 容器苗栽植时覆土厚度应盖过容器_____cm左右。
    A. 2　　　　　B. 5　　　　　C. 6　　　　　D. 8
62. 人工林松土除草一般连续_____。
    A. 1~2年　　　B. 3~5年　　　C. 长期进行　　D. 有空就做
63. 松土深度应做到_____。
    A. 里浅外深　　B. 里深外浅　　C. 深浅均匀　　D. 越深越好
64. 针叶树间苗宜在_____进行。
    A. 第1年　　　B. 第2~4年　　C. 第5年前后　D. 半年后
65. 林火高发的林种是_____。
    A. 针叶林　　　B. 阔叶林　　　C. 混交林　　　D. 经济林
66. 栽植_____，有利于病虫害控制。
    A. 单一林　　　B. 混交林　　　C. 疏林　　　　D. 密林
67. 上海地区降水有明显的季节变化，雨量最多一般在_____。
    A. 春雨季节　　B. 梅雨季节　　C. 秋雨季节　　D. 冬季
68. 造林工作的基本原则是_____。
    A. 创造效益　　B. 观赏休闲　　C. 适地适树　　D. 绿化达标

69. 苗木种类可分为实生苗和_____。
    A. 营养繁殖苗   B. 播种苗   C. 商品苗   D. 小型苗
70. 营造防护林多采用_____。
    A. 播种苗   B. 移植大苗   C. 移植小苗   D. 营养繁殖苗
71. 近年来广泛使用_____造林,对提高造林成活率有显著的效果。
    A. 嫁接苗   B. 扦插苗   C. 实生苗   D. 容器苗
72. 苗木标准包括苗木品质和_____等几个方面。
    A. 苗木年龄   B. 苗木种类   C. 苗木类型   D. 苗木处理
73. 苗木品质是指使用_____培育的符合标准的壮苗。
    A. 良种   B. 稀有品种   C. 劣种   D. 杂交种
74. 苗木栽植时最好应_____。
    A. 假植   B. 切根   C. 随起随栽   D. 隔一天后再栽植
75. 在确定造林季节时,必须_____制宜。
    A. 因地因树   B. 因天   C. 因人   D. 因地形
76. _____是我国多数地区的主要造林季节。
    A. 冬季   B. 夏季   C. 春季   D. 秋季
77. _____是生产上应用最普遍的一种栽植方法。
    A. 裸根苗   B. 带土苗   C. 容器苗   D. 无土栽培苗
78. 根据造林检查,成活率在不足_____时应重新造林。
    A. 70%   B. 60%   C. 50%   D. 40%

二、判断题 (下列判断正确的请在题目后面的括号内打"√",错误的打"×")

1. 林木有净化空气的作用,因为它能吸进二氧化碳,放出氧气。（ ）
2. 木本植物的主干直立、高大和常绿。（ ）
3. 茎区别于根的特点是茎上有节、芽、叶。（ ）
4. 叶片、叶柄、托叶是组成叶的不可缺少的三部分。（ ）
5. 由花梗、花托、花萼、花冠、雄蕊、雌蕊六部分组成的花才能称为完全花。（ ）
6. 种子外面有果实包被的称为裸子植物。（ ）
7. 按茎的木质化程度,植物可分为木本植物和草本植物两大类。（ ）
8. 林木出现落叶,必是秋天来临。（ ）
9. 林木地上部分的叶子都是真叶。（ ）
10. 树木按叶的形状可分为针叶树和阔叶树。条形叶和鳞形叶均属于阔叶树。（ ）
11. 细胞是生物有机体构造和生命活动的基本单位。（ ）
12. 一切有机体都是由细胞构成的。（ ）
13. 各种不同类型的细胞组成了植物组织。（ ）

14. 茎、叶、花是植物的营养器官。（   ）
15. 子叶是指植物体的第一片真叶。（   ）
16. 大多数双子叶植物的根系是须根系。（   ）
17. 芽是枝、叶、花的原始体。（   ）
18. 具有叶和芽的茎叫做枝条。（   ）
19. 叶有单叶和复叶之分。（   ）
20. 种子和果皮共同组成果实。（   ）
21. 活的植物体内的每一个细胞都是活的细胞。（   ）
22. 叶绿体是进行光合作用的质体，它存在于叶肉细胞和植物体的绿色中。（   ）
23. 植物体的长高、增粗主要是顶端分生组织细胞分裂、生长和分化的结果。（   ）
24. 导管存在于被子植物的木质部。（   ）
25. 叶一般腹面颜色深，背面颜色浅，是因为上表皮细胞含叶绿体多。（   ）
26. 落叶树于深秋或早夏落叶是植物对不良环境的一种适应，是一种正常的生物学现象。（   ）
27. 叶是植物唯一的蒸腾器官。（   ）
28. 营养器官的变态是一种畸形的变态。（   ）
29. 被子植物和裸子植物都有构造完善的花。（   ）
30. 成熟的种子中都含有胚乳。（   ）
31. 树木包括乔木、灌木、木质藤本以及竹类。（   ）
32. 箬竹的叶片比一般的竹叶宽大。（   ）
33. 杉木、池杉既喜酸性土壤又较耐盐碱土。（   ）
34. 桧柏叶2型，幼时全为鳞叶，老树全为刺叶。（   ）
35. 柏木耐干旱瘠薄土壤。（   ）
36. 银杏叶片折扇形，有长柄。（   ）
37. 桃树属于常绿小乔木。（   ）
38. 紫叶李叶片初时绿色，后呈紫色。（   ）
39. 合欢叶形羽状，昼开夜合。（   ）
40. 垂柳小枝粗短，但下垂。（   ）
41. 枫杨坚果近球形，两边各有一矩圆形长翅。（   ）
42. 朴树果近球形，橙红色。（   ）
43. 苦楝核果近球形，熟时黄色，宿存枝头，经冬不落。（   ）
44. 臭椿不能在盐碱地生长。（   ）
45. 梧桐树树皮绿色，浅裂。（   ）
46. 重阳木果实为棕褐色球形浆果。（   ）
47. 桂花有金桂、银桂、丹桂、四季桂四个品种群。（   ）

48. 棕榈树体单干不分枝。（　　）
49. 贴梗海棠花梗极短，近无梗。（　　）
50. 香樟枝叶繁茂，冠大荫浓，树姿雄伟，属常绿灌木。（　　）
51. 山茶花喜酸性土壤。（　　）
52. 紫玉兰可作嫁接白玉兰的砧木。（　　）
53. 银杏对气候及土壤的适应性较强，喜光、耐寒、耐旱、耐积水。（　　）
54. 锦带花花序聚伞状，花冠呈漏斗状钟形。（　　）
55. 水杉为我国特产，有"活化石"之称。（　　）
56. 白玉兰是著名的晚春观花乔木。（　　）
57. 悬铃木树形雄伟高大，枝叶茂密，遮阴效果好，是世界著名的风景树。（　　）
58. 湿地松是长江流域以南风景林和造林的重要树种。（　　）
59. 蜡梅树高可达5 m，属落叶大乔木，为最好的冬季观花香花树种。（　　）
60. 雪松是世界著名庭园观赏树种，最宜孤植在草坪、广场及花坛中央、建筑前庭。（　　）
61. 牡丹是我国特产名花，有国色天香之称，为常绿灌木。（　　）
62. 孝顺竹是我国丛生竹类中最耐寒的竹种。（　　）
63. 桂花四季常青，开花时花香四溢，花期正值盛夏，是著名的香花观赏树种。（　　）
64. 柳杉是喜光树种，能耐大风。（　　）
65. 树木栽植时一般不需整地。（　　）
66. 整地容易造成土壤水分流失。（　　）
67. 树木栽植时一般应做到提前整地。（　　）
68. 提前整地最好是在整地和造林之间有一个降水较多的季节。（　　）
69. 整地要根据林种、树种的不同因地制宜地进行设计。（　　）
70. 上海地区造林一般采用全面整地。（　　）
71. 整地的深度在干旱地区应适当深些。（　　）
72. 造林整地时宜采用机械化操作。（　　）
73. 整地可提高造林存活率。（　　）
74. 整地深度一般不宜超过造林常用苗木根系的长度。（　　）
75. 为了更好地保水保肥，促进林木生长，在整地时也可改变局部地形。（　　）
76. 全面整地不受地形条件限制，是国内目前造林普遍采用的整地方法。（　　）
77. 除草也是保墒的措施之一。（　　）
78. 移植树木时切断主根，可保证根系的正常生长，便于移植进行。（　　）
79. 人工纯林的透光抚育，主要是伐除过于密的和质量低劣、无培育前途的林木。（　　）

80. 种子播种得到的树苗称为实生苗。（　）
81. 栽植针叶树宜用小苗。（　）
82. 在苗木运输过程中，保持苗根湿润十分重要。（　）
83. 春季是我国多数地区的主要造林季节。（　）
84. 阴雨天植苗造林不宜存活。（　）
85. 穴植法常用于栽植侧根发达的苗木。（　）
86. 缝植法适宜栽植侧根不多的直根系树种的小苗。（　）
87. 容器苗栽植时覆土厚度应与容器口平。（　）
88. 松土除草应做到"三不伤，两净，一培土"。（　）
89. 实生苗造林宜使用沾根肥。（　）
90. 生长较快的阔叶树可在苗高 4~6 cm 时进行间苗。（　）
91. 营造混交林有利于控制病虫害发生。（　）
92. 营造风景林、经济林时，为了在短期内见到成效，多用大苗。（　）
93. 植苗造林成活的关键在于保持苗木体内的水分平衡。（　）
94. 造林季节适宜，有利于苗木恢复生长和提高造林成活率。（　）
95. 根据造林检查成活率在 30%~50% 时进行补植造林。（　）
96. 造林季节确定后一般都选择雨前、雨后、毛毛雨天或阴雨天植树造林。（　）
97. 森林病虫害的防治必须贯彻"预防为主，综合防治"的方针。（　）
98. 裸根苗栽植时，应"三埋二踩一提苗"。（　）
99. 树木修枝时茬口要与树干平，时间宜在落叶后、春季发芽后进行。（　）
100. 器苗造林可不受造林季节限制。（　）
101. 摘芽应在侧芽全部萌出后进行。（　）
102. 人工林施肥时期应以造林前后、全面郁闭前和主伐前数年这三个时期为主。（　）
103. 幼林地施肥是集约经营森林的重要技术措施之一。（　）
104. 带土苗在挖掘运输过程中，对土球不用包扎。（　）
105. 生长快的阔叶树种可在苗高 4~6 cm 时第一次间苗，苗高 10 cm 左右时定株。（　）

● 三、多选题（下列每题的选项中，至少有 2 个是正确的，请将其代号填在横线空白处）

1. _____ 适宜林木的栽植。
   A. 种苗具有较强的发芽生根能力的时期
   B. 种苗易于保持苗木体内水分平衡的时期
   C. 适合苗木生根所需要的温度和湿度条件的时期
   D. 大苗时

E. 幼苗时

2. 高等植物的器官主要有_____。
   A. 根、茎、叶等营养器官
   B. 花、果实、种子等生殖器官
   C. 根、茎、叶等营养器官和花、果实、种子等生殖器官
   D. 根、茎、花等营养器官和叶、果实、种子等生殖器官
   E. 根、茎、叶等生殖器官和花、果实、种子等营养器官

3. 松土除草要求做到"三不伤，两净，一培土"，"三不伤"是指_____。
   A. 不伤根   B. 不伤皮   C. 不伤梢
   D. 不伤叶   E. 不伤花

4. 木本植物按生长习性一般可分为_____四类。
   A. 乔木   B. 灌木   C. 木质藤本
   D. 竹类   E. 花卉

5. 穴植法栽苗成活的技术关键是_____。
   A. 穴大根舒   B. 深浅适当   C. 根土密接
   D. 穴深根舒   E. 穴浅根舒

6. 根系有_____两种类型。
   A. 直根系   B. 须根系   C. 主根系
   D. 侧根系   E. 支根系

单元测试题答案

一、单项选择题

1. C   2. A   3. C   4. C   5. B   6. C   7. A   8. C   9. C   10. C
11. A   12. D   13. B   14. A   15. C   16. A   17. B   18. C   19. B   20. B
21. C   22. C   23. B   24. B   25. B   26. A   27. A   28. C   29. C   30. A
31. A   32. B   33. C   34. B   35. C   36. B   37. A   38. B   39. C   40. B
41. A   42. B   43. B   44. B   45. C   46. C   47. C   48. D   49. C   50. B
51. D   52. A   53. A   54. B   55. A   56. B   57. B   58. A   59. B   60. A
61. C   62. B   63. B   64. B   65. A   66. B   67. B   68. C   69. B   70. B
71. D   72. A   73. A   74. C   75. A   76. C   77. A   78. D

二、判断题

1. √   2. ×   3. √   4. ×   5. ×   6. ×   7. √   8. ×   9. ×   10. ×
11. √   12. ×   13. ×   14. ×   15. ×   16. ×   17. ×   18. √   19. √   20. √
21. ×   22. √   23. ×   24. √   25. ×   26. √   27. ×   28. ×   29. ×   30. ×

31. √ 32. √ 33. × 34. × 35. √ 36. √ 37. × 38. × 39. √ 40. ×
41. √ 42. √ 43. √ 44. × 45. × 46. √ 47. √ 48. √ 49. √ 50. ×
51. √ 52. √ 53. × 54. √ 55. √ 56. × 57. × 58. √ 59. × 60. √
61. × 62. √ 63. × 64. × 65. × 66. × 67. √ 68. √ 69. √ 70. ×
71. √ 72. √ 73. √ 74. × 75. √ 76. × 77. √ 78. √ 79. √ 80. √
81. × 82. √ 83. √ 84. × 85. √ 86. √ 87. × 88. √ 89. √ 90. √
91. √ 92. √ 93. √ 94. √ 95. × 96. √ 97. × 98. √ 99. × 100. √
101. × 102. × 103. √ 104. × 105. √

三、多项选择题

1. ABC   2. ABC   3. ABC   4. ABCD   5. ABC   6. AB

第 2 单元

森 林 养 护

2.1　肥水管理　　　　　/61
2.2　森林病虫害防治　　/74
2.3　森林防火　　　　　/101

第 2 单元

森林ساحل

2.1 伐木管理 /61
2.2 森林湿地管理治 /74
2.3 森林防火 /101

2.1 肥水管理

2.1.1 土壤与肥料基础知识

1. 土壤

土壤是树木生长的基础，不同的土壤在一定程度上会影响到树木的分布及其生长发育。土壤是通过水分、肥力、空气、温度及微生物等条件影响着树木的分布及其生长发育的。有些树种要求在深厚、湿润的土壤上才能生长良好，如毛白杨，这类树种生长条件适宜时，不仅生长迅速，而且干形通直高大。在干旱瘠薄条件下则生长缓慢、干形不良。有的树种极耐干旱瘠薄的土壤，如马尾松、樟子松、黑松等。

土壤是指地球陆地上能够生长植物、收获植物的疏松表层。所以，土壤是农业生产的基本生产资料，是植物生长的基地。土壤肥力是指土壤在植物生长发育的过程中，能够同时不断地供应和协调植物所需要的水分、养分、空气、热量和其他生活条件的能力，这种能力是土壤的物理、化学和生物性质的综合反映。因此，通常把水、肥、气、热称为土壤四大肥力因素，它们相互联系、相互制约、综合作用，构成土壤肥力。

（1）土壤组成

1）土壤三相组成。土壤是由固相（包括矿物质、有机质和活的生物体）、液相和气相三相物质组成的疏松多孔体。其基本物质组成如下：

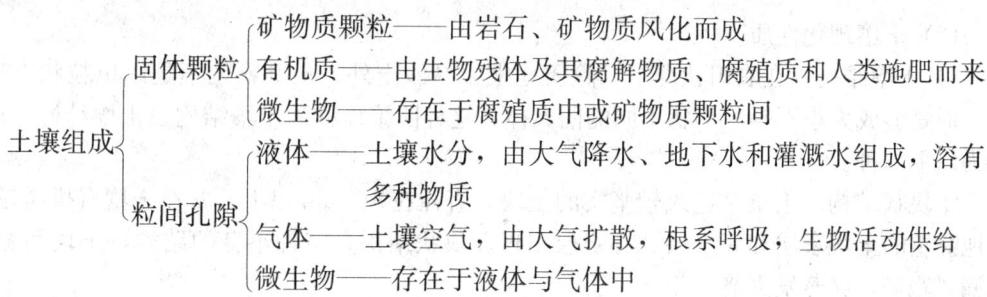

一般来说，土壤矿物质约占固体重量的95%以上，有机质一般占固体重量的5%以下。固体部分含有植物需要的各种养分，并为植物生长提供机械支持，固相物质之间的孔隙充满着水分和空气。土壤水分和空气一般是互为消长的关系，水多气少，水少气多，水与气的比例变化主要受水分变化的制约。

2）土壤质地。土壤矿物质是由岩石风化、破碎或借水流风力等携带堆积而来，它们的大小、形状、物理和化学性质都不相同，形成的土壤也千差万别。一般把土粒粒径大小一致、性质相似的划分为一组，称为粒级，土壤中各粒级土粒混合的比例，或各粒级在土壤质量中所占的百分数，称为土壤质地。土壤质地的分类方法很多，一般分为三大类：

①沙土类。性质表现为土壤疏松，通气透水性良好，耕作方便，保水保肥性差，土壤温度易变化，昼夜温差大。对于这类土壤，应多施有机肥和泥肥，施肥宜薄肥勤施。

②黏土类。性质表现为土壤结构紧密,通气透水性差,耕作困难,保水保肥性强,土壤温度不易变化,昼夜温差小。这类土壤可增施有机肥及掺沙改良。

③壤土类。这类土壤沙、黏适宜,性质介于沙质土和黏质土之间,兼有两者优点,通透性、保蓄性、耕作性均好,土壤温度稳定。

鉴别田间土壤质地,可采用手测法,此法简便易行。手测法有干测法和湿测法两种,以湿测法为主,互相补充,见表2—1。

表2—1　　　　　　　　　　手测法测定土壤质地指标

质地名称	干时测定情况	湿时测定情况
沙土	用手可毫不费力地将干土块压碎,沙粒明显可见,手捻粗糙刺手,有"沙沙"声	不能形成球形,用手握时即散在手中
沙壤土	用小力即可将干土块捏碎	能搓成表面不光滑的小球,开始有不完整的细条
轻壤土	用力稍加挤压即可将干土块捏碎,手捻有粗面感	可搓成直径约3 mm的土条,但提起后即会断裂
中壤土	需用较大的力才能将干土块压碎	可搓成直径约3 mm的土条,但弯成直径为2~3 cm的圆环时断裂
重壤土	黏粒含量较多,沙粒少,用大力挤压可将干土块捏碎	可搓成细土条,能弯成直径为2~3 cm的圆环,但压扁时有裂纹
黏土	以黏粒为主,干土块很硬,用手指不能捏碎	可弯直径为2~3 cm的圆环,压后无裂纹

(2) 土壤理化性质

1) 土壤结构。在农田状况下,除质地很粗的沙土外,土壤颗粒不是以单粒状态存在的,而是形成大小不等、形状不同的团聚体,这种团聚体称为土壤结构。土壤结构一般可分为以下5种。

①块状结构。土壤粘连成较坚实的土块,直径在10 mm以上,常在土壤有机质较少、质地黏重的土壤表层和底土层、心土层出现。块状结构是一种不良的结构,土块间隙大,既漏风跑墒,又蒸发失墒。

②核状结构。土块形状近似不规则立方体,表面光滑有胶膜,结构坚实而稳定,界面与棱角明显清晰,块状较小,俗称"蒜瓣土",一般多由石灰或氢氧化铁胶结而成,在土质黏重而又缺乏有机质的心土层、底土层中多见。

③柱状结构和棱柱状结构。结构体的垂直轴特别发育呈立柱状,俗称"立土"。其中棱角不明显的,称为柱状结构;棱角明显的,称为棱柱状结构。这类结构土体紧实,结构体内孔隙少,但结构体之间有明显裂隙,会漏水、漏肥。这种结构往往是在土质偏黏和缺乏有机质时的心土层或底土层中出现,是在干湿交替作用下形成的。

④片状结构。结构体向水平轴发育,呈扁平薄片状,多由于水的沉积作用或机械压力所形成,如犁底层,这种结构体致密、紧实,只有较小的毛管孔隙和无效孔隙,不利于透水保墒和根系生长。

⑤团粒结构。是指形状近似圆球的小团聚体,俗称"米掺子""蚂蚁蛋"。经水浸泡较长时间不松散的团粒结构称为水稳定性团粒结构,这种结构对调节土壤中水、肥矛盾作用较大。团粒结构是一种良好的结构,具有团粒结构较多的土壤,能协调水、肥、气、热诸肥力因素,土壤肥力较高,耕作管理上较省力。团粒结构有如下特点:

a. 能协调水分和空气的矛盾。团粒内部的小孔隙保持水分能力强,起着"小水库"的作用,团粒之间的大孔隙是良好的通气、透水的通道。水汽在土壤孔隙中可各得其所,从而协调了两者之间的矛盾。

b. 能协调保肥与供肥性能。团粒之间氧气充足,好氧微生物活动旺盛,有利于养分分解和转化,供肥能力强。团粒内部缺乏氧气,适宜厌氧微生物活动,有利于养分的储藏和积累。

c. 稳定土壤温度,调节土壤冷热状况。由于团粒内部的小孔隙保持较多的水分,温度变化幅度小,所以团粒结构易于保持土壤温度。

d. 改良耕性,有利于植物根系生长。团粒结构黏性小,耕作省力,土质较疏松,有利于根系伸展,所以在生产上要创造良好的团粒结构。可通过增施有机肥,正确耕作土壤,干湿交替,合理轮作倒茬,合理灌溉和晒垡冻垡及调节土壤沙、黏比例,使用土壤结构改良剂等措施来进行土壤结构的改良。

2) 土壤孔隙。土壤结构体之间及其内部有各种形状不同、大小各异的空间,这个空间称为土壤孔隙。土壤孔隙的数量一般用孔隙度表示。单位容积自然状态的土壤中所有孔隙的容积占土壤容积的百分数,称为土壤孔隙度。一般来说,沙土的孔隙度为30%～45%,壤土为45%～50%,黏土为50%～60%,结构良好的土壤可达55%～65%。土壤孔隙可分为无效孔隙、毛管孔隙和空气孔隙三种类型。无效孔隙直径小,常被水充塞,空气不流通,水分不能为植物利用,有的根毛也难插入;毛管孔隙通过毛管力保持水分,植物根系能有效利用;空气孔隙常充气,不能持水,它的多少直接影响到土壤通气和排水。一般高产土壤要求孔隙度在50%以上,空气孔隙在10%以上。空气孔隙过少的土壤紧实,种子发芽出苗困难,同时根系下扎受阻。空气孔隙过多的土壤松散,根系不能与土粒紧密接触,吸收水、肥困难。

土壤孔隙状况直接影响到土壤的通气透水性能,从而影响着根系的生长。实际中需要调节土壤通气状况,改善土壤水、肥、气、热条件,给植物生长创造适宜的环境条件。常用的做法有深耕结合施用有机肥料,促使团粒结构的形成;合理排灌,促进土壤空气与大气交换;适时中耕,使土壤疏松,增加土壤空气孔隙,促进土壤通气。

3) 土壤酸碱性。土壤酸碱性是土壤重要的理化指标,是土壤在形成过程中受成土因素综合作用产生的属性,也是影响土壤肥力的重要因素之一。土壤酸碱性用土壤溶液的pH值来表示。土壤pH值是指土壤溶液中氢离子浓度的负对数。

①土壤酸碱性分级。根据我国土壤的酸碱情况,可把土壤酸碱性分为以下八个等级,见表2—2。

表 2—2　　　　　　　　　土壤酸碱性的分级

土壤 pH 值	<4.5	4.5~5.5	5.5~6.5	6.5~7.5	7.5~8.5	8.5~9.5	>9.5
土壤酸碱性	极强酸性	强酸性	酸性	中性	碱性	强碱性	极强碱性

我国土壤的 pH 值大多数在 4.5~8.5 范围内，从地理分布上有"南酸北碱"的规律，而且南北差异很大。

②土壤酸碱性对土壤肥力和植物生长的影响

a. 对土壤养分有效性的影响。土壤中氮、磷、钾等各种养分的有效性与土壤的 pH 值有很大关系。大多数养分在中性附近（pH 值为 6.5~7.5）时有效性较高。另外，在中性条件下，土壤微生物活动强烈，有机质转化快，各种养分有效性较高。

b. 对土壤理化性质的影响。在酸性土壤中，吸附性 H^+ 多，盐基离子被淋失，不利于团粒结构的形成；在碱性土壤中，土粒分散，结构被破坏，湿时泥泞，不透水，不通气，干时紧实坚硬，不利于耕作和植物生长。

c. 对植物的影响。不同树种适应酸碱的能力差异很大。有的树种要求在酸性土壤中生长，一般以 pH 值小于 6.8 为宜，如杜鹃、马尾松、栀子花等，称为酸性土植物；也有些树种喜欢生长在中性土上，土壤的 pH 值为 6.8~7.2 左右，称为中性土植物，大多数树木花草属于这一类；也有些树种在轻或重的碱性土中生长良好，pH 值须大于 7.2，称为碱性土植物，如柽柳、紫穗槐、沙枣等树木。有的树种在钙质土上生长最佳，常见于石灰岩山地，如侧柏；有的树种则耐 pH 值 7.2 以上的盐碱土，如柽柳；有的树种对土壤酸碱度的适应范围较大，如苦楝、乌桕、刺槐等，既能生长在较好的酸性土中，也能生长在中性土、钙质土及轻碱土中。

③土壤酸碱度测定（pH 试纸法）

a. 土壤水浸提液制备。称取通过 18 号筛孔的风干土样 25 g，置于 50 mL 烧杯中，用量筒加入无 CO_2 蒸馏水 25 mL，放在磁力搅拌器上（或用玻璃棒）剧烈搅拌 1~2 min 后放置 0.5 h。

b. 将 pH 试纸插入土壤悬液，比色，读数。

④土壤酸碱度的调节。酸性土壤可施用石灰质肥料来中和其酸性，也可采用草木灰作适当调节。

碱性土壤可施用石膏、明矾等加以改良，但在园林生产实践中，以添加酸性介质（如醋渣、酒糟、泥炭、绿矾）和增施有机肥更为切实有效。

4）土壤保肥性。土壤能吸收保持分子态、离子态或气态、固态养分的能力和特性，称为保肥性能。如浑浊的水通过土壤会变清，粪水通过土壤后臭味会消失或减弱等。土壤具有的这种特性称为土壤吸收作用。按土壤吸收保持作用的类型，将土壤的保肥性能分为以下五种。

①机械吸收保肥作用。指具有多孔体的土壤对进入内部的固体颗粒的机械截留作用，

如粪便残渣、有机残体等。所以它只能保持固体状态的养分,且土质越细,截留保持作用越强。

②物理吸收保肥作用。指土壤对分子态的养分(如氨、氨基酸等)吸收保持的性能。

③化学吸收保肥作用。指土壤溶液中一些可溶性养分与土壤中某些物质发生化学反应而在固相的表面上发生沉淀的过程。如施入土壤中的速效磷肥与土壤中的钙离子、铁离子、铝离子等作用,生成难溶性的磷酸钙和磷酸铁、磷酸铝。化学吸收保肥作用实质是养分的固定作用,养分在保持的同时,也失去了对植物的有效性。

④生物吸收保肥作用。指土壤中的微生物和植物根系对养分的吸收、保存和积累在生物体中的作用,这是无机养分的有机化。生物死亡之后,被保存的养分仍可转化为对植物有效的状态。

⑤离子交换吸收作用。指带有电荷的土壤胶体能吸附土壤溶液中带相反电荷的离子,这些被吸附的离子又能与土壤溶液中带同号电荷的离子相互交换。如 NH_4^+,K^+,Ca^{2+} 等。土壤胶体越多,电性越强,离子交换吸收作用越强。土壤交换吸收作用是土壤保肥性最重要的方式。

(3) 土壤肥力因素

1) 土壤水分。水分是植物的主要组成部分,植物的生命活动必须有水分的参与,而这些水分主要来自于土壤。

①土壤水分的类型及性质

a. 吸湿性。指干燥的土壤借助于土粒表面的分子引力吸附空气中的气态水。这种水的吸附力约为 $1 \times 10^9 \sim 3.1 \times 10^6$ Pa,因而对植物是无效的。

b. 膜状水。土粒吸附水汽达到饱和后,当土粒与液态水接触时,土粒表面可借助分子引力,还可在吸湿水的外面吸附一层极薄的水膜,这种液态水膜叫膜状水。膜状水的厚度达到最大时的含水量称为最大分子持水量。膜状水所受吸力大致为 $6.25 \times 10^5 \sim 3.1 \times 10^6$ Pa,由于植物根系的一般吸水力约为 1.5×10^6 Pa,所以膜状水对植物是部分有效的。

c. 毛管水。当膜状水达到饱和后,继续增加水分,可通过毛管引力将水分保留在毛管孔隙中,毛管水受土壤引力仅 $8 \times 10^3 \sim 6.25 \times 10^5$ Pa,所以植物极易吸收利用。根据毛管水的部位和来源不同,将毛管水分为两种:毛管上升水(由地下水沿毛细管上升而被毛管保持的水分)和毛管悬着水(降雨或灌溉后,由于毛管引力而保持在土壤上层毛细管中的水分,它与地下水没有直接联系)。

d. 重力水。存在于土壤大孔隙中,不能为毛管力所保持,而受重力支配向下移动的水分。重力水能被植物所利用,但在旱地属于多余的水。

②土壤水分的有效性。土壤有效水分的最低值是凋萎系数(植物凋萎时土壤中的含水量),再低于凋萎系数植物就无法吸收。最高值是田间持水量(毛管悬着水达最大值时的土壤含水量),再大于田间持水量,水分就会渗漏损失。

在自然条件下,土壤能提供植物吸收、利用的最大有效水含量应在田间持水量和凋萎系数之间。

2) 土壤空气。土壤空气影响到种子萌发和植物根系的呼吸作用，影响土壤微生物的活动和有机质的转化等。

①土壤空气的特点

a. 土壤空气中二氧化碳含量高于大气，而氧气含量低于大气。

b. 土壤空气中水汽含量高于大气，几乎经常呈饱和状态。

c. 土壤空气中有时含有还原性气体（硫化氢，氢气，甲烷等）。

②土壤通气性。土壤通气性是指土壤空气与大气之间不断进行气体交换的性能。首先，土壤通气性的强弱主要决定于土壤中空气孔隙的数量，大孔隙多的土壤通气性好。其次，受到土壤含水量的影响，含水量少的土壤通气性好，含水量过多的土壤则通气性差。此外，风、降水、温度变化等对土壤通气性也有一定影响。土壤通气性的调节可通过多施有机肥料来进行，使土壤疏松，有利于气体交换，还应及时、经常松土及注意对低洼积水地采取开沟排水等措施。

3) 土壤温度。种子的萌芽、植物根系的生长都需要有适宜的土壤温度，土壤温度还影响到土壤微生物的活动、土壤养分的转化等。

①土壤热量的来源。土壤热量主要来源于太阳辐射，其次是土壤中有机质分解释放出的热量，还有地球内部传出的热能。

②土壤热性质

a. 土壤热容量。土壤热容量反映土壤得到或失去一定热量后升温或降温的快慢，热容量大的土壤，得热后不易升温，失热后也不易降温；而热容量小的土壤则相反。土壤热容量的大小取决于土壤固、液、气三相组成的比例。土壤水分的热容量最大，是固相部分的两倍左右，是空气的3 000倍以上，因此，水分决定了土壤热容量的大小。土壤水分越多，热容量越大，温度变化就越慢。反之，水分越少，即土壤空气含量增加，则热容量小，温度变化就越快。

b. 土壤导热性。土壤吸收热量后，从温度高处向温度低处传导热量的性能称为土壤导热性。导热性大的土壤进入或传出的热量多，表层土壤温度的日变化较小，表层与底层土壤的温度差也较小。影响土壤导热性的因素主要是土壤的松紧度、孔隙状况和土壤含水量。紧实或含水量多的土壤导热性较大。

c. 土壤的吸热性与散热性。土壤吸热性的强弱，决定于土壤颜色、地面状况和覆盖等。颜色越深，吸热性越强；地面平坦，反射力强，吸热性小；有覆盖的土壤吸热要比没覆盖的少。土壤散热性与土壤水分蒸发和土壤热辐射有关。水分蒸发越强，土壤散热就越多，降温也越快。

调节土温可采取排水、灌水、增施有机肥、覆盖、遮阳、培土、松土等措施进行调控。

4) 土壤养分。土壤养分是指土壤有机质和土壤中含有的氮、磷、钾及钙、镁、硫和一些微量元素。

土壤养分的存在状态对植物吸收利用有很大关系，按照养分在土壤中的存在状况可归纳为：一是土壤溶液中的养分，它的有效性高，能被植物直接吸收；二是在土壤胶体表面吸附的养分，这些养分能被植物吸收利用；三是迟效性养分，包括非溶性盐类、矿物质和有机质中的养分，它们在未转化前植物不能吸收，所以又是潜在养分。

2. 肥料

凡施入土壤，或喷洒于植物地上部分，能直接或间接供给植物养分，促进植物生长发育、改善品质或改良土壤性状，逐步提高土壤肥力的物质，都可叫做肥料。

（1）有机肥料。有机肥料也称农家肥料，是利用天然柴草、动植物残体、人粪尿、家畜粪尿、河泥、垃圾等做原料，经人工堆积、沤制等制成的。

1）有机肥料的种类

①粪尿肥类。包括人粪尿、家畜粪尿、禽粪等。

②堆沤肥类。包括堆肥、沤肥、秸秆直接还田及沼气发酵肥等。

③绿肥类。是直接翻压绿色鲜嫩植物的总称。种类很多，可分为豆科绿肥和非豆科绿肥两种。

④饼肥类。多为榨油后的副产品油粕，包括大豆饼、菜子饼、花生饼、棉籽饼等。

⑤泥炭及腐殖酸类肥料。泥炭又称草炭，富含有机质和腐殖质。

⑥泥土肥类。包括河泥、湖泥、塘泥、沟泥及老墙土、炕土、熏土等。

2）有机肥料的特点

①有多种养分，养分全面，但含量低。有机肥料含有植物所需的各种养分。

②含有机质多，有改良土壤的作用。

③肥效缓慢，肥力持久。需要通过微生物作用，将复杂有机物分解成简单的无机盐类，才能被植物吸收利用。

④有机胶体有很强的保肥力，有机肥料通过微生物的腐殖化作用形成腐殖质，保肥能力大。

⑤来源广泛，价格低廉。

3）有机肥料的作用

①有机肥料是植物矿物质营养和二氧化碳的重要来源。有机肥料含有植物所需的全部营养元素，在分解时，能源源不断、持久、均衡地提供各种营养元素，同时在分解时释放大量二氧化碳，增加空气中二氧化碳的浓度，提高光合强度和光合效率。

②有机肥料能供应各种有机养分。有机肥料给土壤微生物提供能量和养分，促进微生物活动，反过来又加速了有机肥料的分解，释放各种养分和各种生物物质，如各种维生素、腐殖酸、酶及生长素等，促进植物的生长发育。

③有机肥料能改良土壤性质。有机肥料含有大量有机质，具有改良土壤的作用，有机肥料分解时，通过腐殖化作用形成腐殖质，能促使土壤团粒结构的形成，改良土壤性质，

调节土壤水、肥、气、热状况，提高土壤肥力。

④有机肥料有提高难溶性磷酸盐及微量元素养分有效性的作用。有机肥料分解时形成一些有机酸和碳酸，可促使难溶性磷酸盐和微量元素（铁、硼、锌等）转化，提高有效性，利于植物吸收利用。

（2）化学肥料。化学肥料又称无机肥料，是用化学方法合成或开采矿石经加工精制而成的肥料。

1）化学肥料的种类

①按所含营养元素来分类

氮肥——氨水、碳酸氢铵、尿素等，主要含氮元素。

磷肥——过磷酸钙、重过磷酸钙等，主要含磷元素。

钾肥——氯化钾、硫酸钾等，主要含钾元素。

复合肥（含两种以上常缺元素）——磷酸铵、硝酸钾等。

微量元素肥——硼酸、铜肥等。

②按化学性质进行分类

酸性肥料 { 生理酸性肥料——氯化铵、硫酸铵等
化学酸性肥料——过磷酸钙、重过磷酸钙等

碱性肥料 { 生理碱性肥料——硝酸钙等
化学碱性肥料——氨水等

中性肥料——尿素等。

2）化学肥料的特点

①养分种类单一，但含量高。化肥含两种以上养分的较少，不含有机质，但养分含量高。

②肥效快，但不持久，易淋失。大部分化肥能很快溶解在水里，植物能直接吸收利用。

③浓度大，用量少，卫生，使用方便。

④体积小，便于运输。

⑤可根据需要临时配料，施用针对性强。

⑥不含有机物。

3）肥料三要素的作用。一般来说，在土壤所供应的营养元素中，氮、磷、钾三种元素对植物生长和产量的影响最大，这是因为，第一，植物对这三种元素需求量最大；第二，土壤中这三种元素的有效态含量较少；第三，这三种元素是归还土壤较少的元素。为了提高植物产量和品质，经常需用氮、磷、钾以肥料的形式来补给，所以把氮、磷、钾称为"肥料三要素"。

①氮的作用。氮是组成蛋白质和核酸、维生素的重要成分，是叶绿素的组成成分。它最主要的作用是促进植物营养器官的生长。如果氮素缺乏，会造成叶少而小，叶色黄绿，

茎秆矮小纤弱，新梢发育不良，花、果、结实都少而小等后果。

②磷的作用。磷是植物体内核蛋白、卵磷脂、酶、维生素的重要组成成分，果实及种子中含量最多。磷能促进各种代谢作用，促进生长发育，因而磷肥充足时能促进植物早熟，特别是对开花结果更具有重要意义。另外，磷能促进根系的发展，提高定植苗的成活率，加强抗寒、抗旱能力。如果缺乏磷元素，会造成植物生长缓慢，延迟成熟，发育迟，落叶早，根系不发达，开花迟而花朵柔弱，易落花、落果，抗寒、抗旱性降低等后果。

③钾的作用。钾不直接组成到有机化合物中，而以离子状态存在。它的重要作用是促进植物的新陈代谢，加速物质在植物体内运转，能促进植物体内导管、厚角组织、韧皮加厚变粗，促进茎干木质化，还可促进水的进入和减少蒸发，增强植物的抗寒、抗倒伏、抗旱、抗病虫害能力。在缺乏钾元素时，植物生长减弱，新梢细弱，叶片顶端和边缘常变为褐色而枯死，生长停止较早，易遭受病害。

2.1.2 施肥技术

施肥不仅可以供应植物营养，而且有机肥还能增加土壤有机质，改善土壤结构和孔隙状况，为植物创造良好的土壤环境条件。

许多植物的生长发育要经过相当长的时期，短则几个月、一年，长则几年以至几十年，整个生长发育时期又可分为若干阶段，不同的生长发育阶段对营养条件的要求不同，所以不是一次施肥能完成的，对大多数一年生、隔年生的植物，施肥可分基肥、追肥等几种方式。

1. 基肥

又称底肥，在植物播种育苗或移栽、种植前施用，一般结合土壤耕翻、整地、挖穴时用，基肥所用的肥料，以堆肥、厩肥、绿肥、塘泥和饼肥等含有机质多的迟效肥为主，配合用少量较速效的化学肥料，尤其是无机磷肥。施用基肥的方法有环施、放射状施、穴施、撒施、条施肥等。

（1）环状施肥法。在树冠投影外缘稍远处挖一环状沟，宽30～50 cm，深20～40 cm，将肥料与土壤混合后施入环状沟内，覆土填平。此法多在幼树时采用，方法简便，用肥集中、经济，但挖沟时往往会切断水平根。

（2）放射状施肥法。在树冠投影内外各40 cm左右，顺水平根生长方向挖放射沟6～8条，沟宽30 cm左右，深20～40 cm，沟的形状最好是内窄外宽、内浅外深，这样伤根少。沟挖好后，将肥料与土壤混合填入沟内，覆土填平。此法多用于成年树施肥，伤根较环状施肥法少，而且可隔年或隔次更换施肥部位，扩大施肥面，以利根系吸收。

（3）穴状施肥法。在树盘外缘每隔50 cm左右，挖深30～40 cm、直径30 cm左右的穴，根据树体大小，施肥穴可挖成1～2环，以扩大施肥面积。穴挖好后，将肥料施入并与土壤混合，覆土填平。此法多用于追施化肥或液肥。

（4）撒施法。成年树或密植树木树冠相接，根系密布，施用基肥时多用此法，先将肥料均匀撒布，然后翻入土中，幼树也可在树盘处用此法。此法施肥较浅，下层土壤肥料较少，易使根系浮生表土，故最好与局部施肥法交替使用。

2. 追肥

又称补肥，是在植物生长发育期间，为调整、改善土壤供肥情况增施的肥料，往往采用速效肥料，如硫酸铵等，分期施入土壤（也有喷施在植物地上部分），以补给植物各个生长发育期的营养需要。

施用方法有条施、穴施、撒施等。近年来，国外广泛开展灌溉式施肥研究，尤其与喷灌、滴灌相结合的较多。实践证明，灌溉式施肥供肥及时、肥分布均匀、根系吸收面大、肥料利用率高、不伤根、有利于保护耕作层的土壤结构，节省劳力，因此，任何形式的灌溉式施肥都可提高肥效、增加产量、降低成本，从而提高劳动生产率。

3. 根外追肥

根外追肥主要是将肥液喷于叶面，通过叶片的气孔和角质层进入叶内，而后运送到树体的各个器官。一般喷后 20 min 到 2 h 即可被叶片吸收，幼叶较老叶、叶背较叶面吸收快，吸收率高，枝条也有一定的吸收能力。根外追肥的优点是：方法简单易行，用肥量小，发挥作用快，可及时满足树木需要；避免某些肥料元素（如磷、钾、铁、锌、硼等）被土壤固定，减少损失，提高肥效和叶片的光合效能。还可结合喷药、喷灌进行，省工省时。根外施肥虽有许多优点，但不能代替土壤施肥。因为根的吸收力强，运输快，范围广。土壤施肥能大量供给树木各器官不同生长期所需的肥料，是根本性和较长久性的。根外施肥仅可作为土壤施肥的补充。

根外施肥一定要严格掌握好肥液浓度，过浓容易伤叶，过稀收效不大。根外施肥应注意：

（1）不同树种、品种对根外施肥适应浓度不同，同一品种在不同环境条件下适宜的浓度也不相同。施用时应先作小面积试验，确无肥害，再大面积喷施。

（2）根外施肥时应注意天气。高温季节以阴天喷施最好，晴天施肥应在上午 10 时以前和下午 16 时以后，雨天不喷。

（3）喷时要做到均匀、细致、周到，喷在叶背面更好。

（4）肥料与某些农药混合施用时，应先做试验，以防降低肥效、药效或引起肥害、药害。

4. 种肥

种肥是在播种（或定植）时施用的肥料，目的是创造种子发芽和幼苗生长的良好环境条件，即一方面供给养分，另一方面改善种子床或苗床的物理性状。种肥施用一般用高度腐熟的有机肥料或速效化肥。

5. 施肥的基本原则

（1）基肥为主，追肥为辅，基肥追肥兼施。因为多数植物要求在相当长的时期内连续不断供应丰富的养料和维持土壤的良好结构，而基肥大多数采用迟效的有机肥料，正具备以上两个作用。但是各树木花卉在不同的发育阶段对养分的需要量及种类是各不相同的，因而追肥也是很重要的。

(2) "看天、看地、看植物"施肥。主要是说对施肥的时期、施肥量的多少、施用肥料的种类，要根据具体情况灵活掌握。

1) "看天"。天气的变化会影响到植物吸收养分的能力，也会影响到土壤的情况，如早春气温低，雨量少，土壤微生物作用较弱，肥料分解缓慢，而幼苗又需要养料，这时就应施充分腐熟的肥料或提早施下基肥，让它有充分腐熟的时间。夏季气温高、雨量多，有机肥分解快，植物吸收也强，这时就要用速效的有机和无机肥料，并且要分次施用，以防养分流失或肥力过大。此外，用液体肥料施追肥时应选择在晴天进行。在雨水较多的季节，一次施肥量不可过多，否则不仅养料流失，而且由于一时施大量过浓的溶解肥料，反而会对植物有害。

2) "看地"。不同类型的土壤，它的肥瘠程度、结构、性质、肥效都不相同，因此，施肥时要注意到土壤的质地、肥沃程度、干湿状况、酸碱度、耕作方式，以及前茬植物等不同情形施用。例如，瘠薄沙土因为保肥力差，应该多施基肥，并要分次施用追肥。对土层深厚、保肥力强的肥沃土壤，施肥量和施肥次数就应适当减少。就肥料的种类来说，对于碱性土壤应该增施有机肥料。酸性土壤应该施用石灰，此外，还应根据土壤中的营养元素含量的多少而决定各种肥料的配合。

3) "看植物"。包括植物种类、品种、年龄、生长发育情况等。不同的园林树木和花卉对营养元素具有不同的要求，如一些豆科植物根部常有根瘤能固定氮素，所以氮肥的施用就可少，而对磷、钾的肥料需要较多。对树木来说，同一树种而生长发育情况不同，对养分的需要情况也有差异，如茉莉二次花前的施肥就不一样，第一期花前肥可淡些，因为第一期前植株正抽出新梢不久，新根吸收力不强，不能忍受高浓度的肥分，同时开花所需养料可由原储藏物质供应。在第二期、第三期花时，则植物一方面补充前期开发所消耗的养分，同时准备下期开花的需要，根系吸收能力增强，因此，需要大量的肥料。

施肥的效果与施肥的方法有密切关系，施肥方法应与植物根系分布特点相适应。特别是树木，要把肥料施在距根系集中分层稍深、稍远的地方，以利根系向纵横扩展，形成强大的根系，扩大吸收面积，提高吸收能力和体内的营养水平，增强地上部分和根系的抗逆性。施肥的深度范围与树木花卉、生长势、土壤、肥料性质等也有密切关系。

2.1.3 排水与灌溉

水分是决定树木生死、影响树木分布与发育的重要条件之一。不同树种对水分的需要与适应情况不同。根据树种对土壤水分的适应性不同可分为耐旱树种（如沙枣、梭梭、沙棘等）、湿生树种（如水松、柳树、落羽杉等）和中性树种（如枫杨）。不少树种对水分条件的适应性很强，例如，旱柳、柽柳、紫穗槐在干旱与低湿条件下均能正常生长。另一些树种，如杉、白玉兰既不耐干旱又不耐水湿，水分条件要求非常严格。因此，排水与灌溉是森林养护中一项极其重要的工作,万万不可马虎。

1. 排水

排水是防涝保树的主要措施。土壤水分过多,氧气不足,抑制根系呼吸,减退吸收功能,严重缺氧时,根系进行无氧呼吸,容易积累酒精,使蛋白质凝固,引起根系死亡。对耐水力差的树种,更应抓紧时间及时排水。

排水的方法主要有以下三种。

(1) 明沟排水。在园内及树旁纵横开浅沟,内外连通,以排积水。这是森林中一般采用的排水方法,关键在于做好全园排水系统,使多余的水有个总出口。

(2) 暗管沟排水。在地下设暗管或用砖石砌沟,借以排除积水,其优点是不占地面,但费用较高,一般较少应用。

(3) 地面排水。目前大部分排水是采用地面排水至道路边沟的办法。这是最经济的办法,但需要设计者精心地进行安排。

2. 灌溉

(1) 灌水时期。灌水时期由树木在一年中各个物候期对水分的要求、气候特点和土壤水分的变化规律等决定,除定植时要浇大量的定根水外,大体上可分为休眠期灌水和生长期灌水两种。长江中下游地区3—6月为雨季,尤以4—6月降雨集中,一般无需灌水。但盛夏常有高温干旱,故7—8月常需灌水。9—10月常有秋旱,故在当地为安全越冬起见,在此时也应灌水。

(2) 灌水量。灌水量同样受多方面因素的影响。不同树种、品种、砧木以及不同的土质、不同的气候条件、不同的植株大小、不同的生长状况等,都与灌水量有关。在有条件灌溉时,即灌饱灌足,切忌表土打湿而底土仍然干燥。一般已达花龄的乔木,大多应浇水,使水渗透到80~100 cm深处。适宜的灌水量一般以达到土壤最大持水量的60%~80%为标准。

(3) 灌水的方式。正确的灌水方式可使水分均匀分布,节约用水,减少土壤冲刷,保持土壤的良好结构,并充分发挥水效。常用的方式有如下几种。

1) 人工浇水。在山区及离水源较远处,人工挑水浇灌虽然费工多而效率低,但仍很必要。浇水前应松土,并做好水穴(堰),深约15~30 cm,大小视树龄而定,以便灌水。有大量树木要灌溉时,就根据需水程度的多少依次进行,不可遗漏。

2) 地面灌水。这是效率较高的常用方式,可利用河水、井水、塘水等。可灌溉大面积树木,又分畦灌、沟灌、漫灌等。畦灌时先在树盘外做好畦埂,灌水应使水面与畦埂相齐。待水渗入后及时中耕松土。这个方式已得到普遍应用,能保持土壤的良好结构;沟灌是用高畦低沟的方式,引水沿沟底流动浸润土壤,水分充分渗入周围土壤,不致破坏其结构,并且方便实行机械化;漫灌是大面积的表面灌水方式,因用水极不经济,很少采用。

3) 地下灌水。是利用埋设在地下多孔的管道输水,水从管道的孔眼中渗出,浸润管道周围的土壤,用此法灌水不致引起水土流失或土壤板结,便于耕作,较地面灌水优越,节约用水，但要求设备条件较高，在碱土中须注意避免"泛碱"。此外，在发达国家中有安装滴灌设备进行滴灌的，可以大大节约用水量。

4) 空中灌水。包括人工降雨及树冠喷水等，又称"喷灌"。人工降雨是灌溉机械化中比较先进的一种技术，但需要人工降雨机及输水管等全套设备。有固定式和移动式两种。利用机械把水喷到空中，以形成细小水滴，进行人工降雨。比地面灌水省水、省工，减少渠道占地，调节小气候，减少降温和高温对树木的为害。但由于土壤渗透性差，树木根系密集层往往得不到足够的水分。

5) 滴灌。是近几年发展起来的一种先进灌溉技术。它是用低压管道使灌溉水成滴点，缓慢且经常不断地浸润树木根系分布最多的土层，使土壤一直处于适宜的水分状态。省工、省水，可实行水肥结合。缺点是投资较大，管道和滴头易堵塞，不能调节小气候，不适于结冻期使用。

3. 排灌设施

排灌设施是森林建设的重要设施。随着我国人口的不断增长，经济的加速发展，我国的水资源日显紧缺，如何合理有效地利用水资源已成为重要而紧迫的课题。排灌设施的安全使用也显得更为重要。

(1) 水泵的选择。灌溉和排水用的水泵要根据平原、圩区和丘陵山区等地形进行选择。离心泵、混流式水泵的扬程一般在 6~7 m，对于平原、圩区比较适宜；双吸式离心泵扬程比较高，一般在 15 m 以上，适用于丘陵山区；轴流式水泵扬程一般在 5 m 左右，适用于平原和圩区；大口径的轴流泵宜用于排涝。选择时，水泵功率必须与动力机械功率相匹配。

(2) 离心泵的安装。长期使用的水泵应安装在混凝土基础上。临时用的水泵应和动力机械一起固定在厚木板或木架上，并压以重物。进、出水管要牢固支撑。

(3) 离心泵的使用和保养

1) 水泵的使用

①水泵启动前的准备工作。检查水泵基脚螺钉是否拧紧；加足润滑油；检查转轴是否灵活；关闭闸阀。对有吸程的水泵，充水排气或抽真空。

②水泵的启动。动力机械启动后转速达到额定值，小型水泵即可出水。大型水泵待真空表和压力表读数正常后，打开闸阀便可出水。

③水泵运行中监视。经常检查轴承温度，注意润滑情况，调节填料的松紧，若有异常的响声和振动，应立即停机检查。

2) 水泵的保养

①一般每月更换一次填料，如遇水泵发热、填料硬化，应随时更换。

②滚动轴承使用一个月时间必须加一次黄油，轴瓦轴承的油环应浸在油中。

③新水泵初次使用 200 h 后，应全部更换润滑油，以后每满 500 h 更换一次。

④逆止阀水泵，停机前应将逆止阀放下，没有逆止阀的水泵，停机后要在出口处用一

木板或他物封好，以防杂物落入机壳中。对于带底阀的水泵，停机后应把底阀打开，放去存水，以防止冬天冻坏泵壳和管道。

⑤水泵不用时应擦去机上的油污、水渍、灰尘，保持清洁。临时用的水泵应抬放干燥处，妥善保管。

（4）潜水泵。潜水泵由水泵、电动机、进水部分和密封装置四部分组成。水泵在上方，进水部分在中间，电动机在下方。结构简单，体积小，质量轻，安装、使用方便。使用时不能脱水，潜水深度 0.5～3 m，最深不能超过 10 m。供电线路要有可靠的接地措施。潜水泵要竖直吊起。被抽水的含沙量不得超过 0.6％。

（5）漫灌设施。主要由水源、水渠及动力设备组成。首先由水泵将水自水源送至总水渠，然后分配到各级水渠，最后送到种植畦内。

（6）喷灌设施。喷灌系统由喷头、喷灌泵、动力机、喷灌输水管道、喷灌机组成。一般分固定式喷灌和移动式喷灌两种。

（7）滴灌设施。一个典型的滴灌系统由储水池、过滤器、水泵、肥料注入器、输水管线、滴头和控制器等组成。

2.2 森林病虫害防治

2.2.1 森林病害

1. 森林病害基础知识

（1）林木病害的定义。林木在长期的自然条件和人工条件选择下，对周围的环境条件有一定的适应性，并与其他生物形成了相互依存、相互制约的生态平衡关系。在林木生长发育的过程中，当环境条件的变化超出一定范围，或遭受病原生物的侵袭时，就会在生理、组织结构、外部形态上发生一系列不正常的变化，致使其生长发育受阻，林产品产量降低，质量变劣，甚至使树木局部或整株死亡，造成一定的经济损失或影响生态平衡，人们把这一现象称为林木病害。

如果林木由于虫咬、机械伤害，以及雹害、风害等在短时间内受到外界因素袭击造成损害，受害林木在生理上没有发生病理变化过程，不能称为病害，而称为损害。林木的病变首先表现在生理功能上，如呼吸和蒸腾作用加强，同化作用降低，酶活性改变，以及水分、养分吸收与运输失常等，称为生理病变；其次是内部组织的变化，如叶绿体减少或增加，细胞体积和数目增减或细胞坏死，以及细胞壁加厚等，称为组织病变；最后导致外形变化，如叶斑、枯梢、根腐、畸形等，称为形态病变。生理病变是组织病变和形态病变的基础，组织病变和形态病变又进一步扰乱了林木正常的生理程序，互相影响的结果使病变逐渐加深。

林木病害的发生有一定的病理变化过程，称为病理程序。林木病害的发生必须具备三个条件：病原、感病植物和适宜发病的环境条件。病原物是指引起病害的生物；受病原物侵染的林木称为寄主，病原物与寄主双方之间既具亲和性，又具对抗性，病原物要夺取寄主养料进行生活，寄主常产生自卫反应，抑制病原物的扩展，两者构成一个有机的寄主—病原物体系；林木病害的进展快慢除取决于寄主、病原物本身所具有的动力外，环境条件也起了重要作用。当环境条件不利于病原物时，病害就难以发展；相反，林木病害就容易发生，林木受害也重。因此，林木病害是病原物、寄主和环境条件三者共同作用的结果。在生产上，选育抗病树种、搞好营林措施，对于预防林木病害有着重要意义。林木病害的发生是林木和病原在一定环境条件下相互作用、相互斗争的过程。

（2）林木病害的发生原因。引起林木病害的原因称为病原，病原分为不适宜的非生物因素和有害生物因素两类。林木病害则按病原的性质不同分为侵染性病害和非侵染性病害两大类。

1）不适宜的非生物因素——非侵染性病害。由不适宜非生物因素引起的，不具传染性，又称非传染性病害或生理性病害。这类病害常常是由于营养失调、水分失调、不适宜气候因素以及有毒物质对大气、土壤和水体等的污染引起的。

①营养失调。林木在生长发育过程中需要多种营养物质，如果缺乏某些营养元素，就会影响林木的正常生理功能，引起缺素症。反之，对林木会产生毒害作用。如氮肥过少，则林木枝梢生长停滞，叶片变小，色淡，下部老叶枯黄、脱落；氮肥过多，会引起林木叶色浓绿，造成徒长和减产。如缺磷时，叶片呈紫色和古铜色，且从下部老叶叶尖开始。缺钾时，叶色暗绿或深绿，茎干矮小，木质化程度低。缺铁和缺镁主要引起叶片失绿、白化或黄叶等。缺硼时，苗木易发生"枯梢"现象，叶片小。对缺素症应补充林木所缺少的营养元素。

②土壤水分失调。水是林木生长发育不可缺少的条件，因此，土壤中水分不足或过多都会对林木产生不良影响。在土壤干旱缺水的条件下，会引起叶片变黄，叶尖、叶缘焦枯，早期落叶、落果、落花，籽粒不实，甚至全株萎蔫。如种植在山岭薄地的刺槐幼林遇严重干旱时常成片死亡。土壤水分过多则造成根系窒息、变黑、腐烂、叶片黄化及全株凋萎。如泡桐、刺槐幼苗在低地积水常会造成大量死亡。水分供应的急剧变化，如早期干旱后突然多水会引起果实开裂或落花落蕾等。在苗圃要注意及时排水，适量灌水，造林时要适地适树，以防止土壤水分失调。

③温度不适宜。林木必须在适宜的温度范围内才能正常生长发育，温度过高，常使林木的茎、叶、果受到伤害，通常称为日灼伤。如树皮的溃疡和皮焦，叶片上产生白斑和灼伤等。夏季苗圃中土表温度过高，常使幼苗根基部发生灼伤，引起根茎收缩和苗木死亡。林木的日灼伤常发生在树干的南面或西南面。日灼伤造成的伤口为蛀干害虫和枝干病害病原的侵入打开了方便之门。

低温首先使林木细胞内含物结冰，从而引起细胞间隙脱水，或使细胞原生质受到破坏。一般来说，温度下降越迅速，对林木的为害越严重。低温常使林木叶片变黄或变红，如马尾松受冻害后，针叶变成赤褐色。霜害引起苗木叶片变黑，枯焦脱落，有时叶梢也变黑枯死。温度低，且土壤含水量较大的地方还会引起苗木的冻拔。在冬春之季，昼夜温差过大，高低温交替，可使树干阳面发生日灼伤和冻裂，如毛白杨破腹病，树皮阳面可纵裂数米。预防苗木日灼伤可采取适时遮阳和喷灌，预防树木日灼伤和冻害可采用树干涂白，预防霜冻可采取熏烟、灌水、盖草等措施。

④有毒物质的污染。空气和土壤中存在的有毒物质均能引起林木病害。大气污染物种类很多，主要有硫化物、氟化物、氯化物、氮氧化合物、臭氧、粉尘及带有各种金属元素的有毒气体。大气污染物对林木的为害是由多种因素所决定的。首先决定于有害气体的浓度及作用延续时间，同时也取决于受害林木的种类和它的发育时期，以及外界环境条件等。大气污染物的为害往往使林木延迟抽芽发叶，结实少而小，叶片失绿变白或有坏死斑，严重时大量落叶、落花、落果，甚至死亡。化肥、农药使用浓度过大或条件不适宜，也可使林木发生药害，叶片常产生斑点或枯焦脱落，如用硫酸亚铁喷过的苗木，若不及时清洗会发生严重药害。

另外，土壤中的水污染和有毒物质也常影响林木根系的生长，影响水分的吸收，同时还能引起叶片褪绿，甚至死亡。

为防止有毒物质对林木毒害，应合理使用化肥、农药，在工厂区附近绿化时，要选择抗烟尘树种。

2）有害生物因素——侵染性病害。由有害生物的侵染所引起的，具有传染性的。因有害生物与被害植物是寄生关系，故又称寄生性病害。因有害生物能传播蔓延，故又称传染性病害。侵染性病害的感病植物称为寄主，能成为病原的有害生物称为病原物。侵染性病害的病原物主要有真菌、细菌、病毒和线虫等。

①真菌。是一类营养体，通常为丝状体，具有细胞壁，以吸收为营养方式，是通过产生孢子进行繁殖的真核微生物。林木病害中约80%是由真菌引起的。真菌病害的主要症状是坏死、腐烂和萎蔫，少数为畸形，病部常有霉状物、粉状物、粒状物等病征。

②细菌。细菌是一类具有细胞壁、以裂殖方式繁殖的单细胞原核微生物。植物病原细菌大多为杆状。细菌病害的病斑初期常为水渍状或油渍状，后期潮湿时病部产生菌脓。

细菌病害重在预防，以杜绝和消灭植物病原细菌的侵染源为主，如严格进行植物检疫，选育无病种苗、接穗，做好种苗消毒工作，及时清除病残体和进行土壤消毒等。还应避免植株形成伤口和及时保护伤口。发病时可用抗生素防治。

③病毒。病毒是一类不具细胞结构的生物，个体极小，有杆状、球状和纤维状三种形态。主要成分是核酸和蛋白质。繁殖方式为复制增殖。

病毒主要依靠昆虫（蚜虫、叶蝉等）、病株与健株接触，通过线虫、螨类、嫁接及种苗调运等方式进行传播。由微伤口侵入寄主后，多在韧皮部的筛管内移动。随同寄主同化产物运输，先被带至寄主根部，后向地上部分移动，病毒便扩展到全株，使寄主林木表现为花叶、畸形等病状，如杨花叶病。

病毒病害的防治，主要是严格执行种苗检疫制度，防治传毒昆虫，不用带病植株做无性繁殖材料，及时淘汰病株等。

④线虫。是一类低等动物。植物病原线虫一般呈线形体，口腔内有一条刺状口针。植物病原线虫吸取植物汁液，制造机械损伤，还分泌酶和毒素，破坏寄主生理功能，引起一系列病变；同时还为真菌与细菌病害打开门户，引起复合感染，促进或加重危害。对植物线虫病的防治，可采取检疫、轮作和间作、种苗处理和土壤处理，应用氯化苦、克线磷、呋喃丹、涕灭威和壮棉氮等进行土壤处理，可收到良好的效果。

⑤寄生性种子植物。寄生在其他植物枝、干和根上的双子叶植物称为寄生性种子植物。为害林木的寄生性种子植物主要有槲寄生、桑寄生、菟丝子等。植物被害后，表现为局部肿大或细缢，风吹雪压易折。由于养分被夺，使寄主生长衰弱；或引起枝枯、全株死亡。

防治寄生性种子植物的主要措施是：在适当的时机尽可能地清除寄生性种子植物的植株和种子。

2. 病害的症状

林木感病后，经过一定的病理程序，最后在外部形态上表现出来的不正常的病态特征，称为病害的症状。症状可分为病状和病征。病状是感病林木本身所表现出来的不正常状态，病征是病原物的营养体或繁殖体在寄主发病部位所表现出来的特征。

（1）病状。是指感病林木本身所表现出来的不正常状态。所有的林木病害都有病状，病状大致归纳为6种类型：变色、坏死、腐烂和腐朽、萎蔫、畸形、流脂与流胶等。

1）变色。林木发病部位细胞内的叶绿素形成受到抑制或被破坏，花青素等其他色素增多，从而表现出不正常的颜色，称为变色。变色可以是局部的，也可以是整体的，一般不造成细胞死亡。常见的变色有褪绿、黄化、花叶、白化及红化等。

2）坏死。林木病部细胞和组织死亡，但不解体，称为坏死。常表现为斑点、叶枯、溃疡、枯梢、疮痂、立枯和猝倒等。斑点是最常见的病状，主要发生在茎、叶、果实等器官上。根据颜色不同，一般分为褐斑、黑斑、灰斑、白斑、黄斑、紫斑、红斑和锈斑等；根据形状不同，分为圆斑、角斑、条斑、网斑、轮纹斑和不规则斑等。

3）腐烂和腐朽。林木根、茎、皮层，以及花、果实等部位的细胞、组织发生较大面积的死亡和解体，称为腐烂，如根腐、茎腐、花腐、果腐、烂皮及果实僵化等。根据发病组织的质地不同，有湿腐（软腐）、干腐之分。

腐朽是指林木根、干木质部变质解体，有白腐、褐腐、块状腐朽、丝片状腐朽、海绵状腐朽、蜂窝状腐朽和杂斑状腐朽等。

4）萎蔫。萎蔫是指因林木缺水而使枝叶凋萎下垂。根部和茎部的腐烂都能引起萎蔫，但典型的萎蔫是指林木茎部或根部的维管束组织受害后，大量菌体或病菌分泌的毒素堵塞或破坏导管，使水分运输受阻而引起林木凋萎枯死。如枯萎、青枯等。

5）畸形。林木受病原物侵染后，引起整个植株或局部器官组织生长过度或受抑制而成畸形。由植物细胞体积增大、数量增多或发育过度引起的畸形有丛枝、瘿瘤、叶肿、癌肿和枝条带化等，由植物细胞体积变小、数量减少或发育不足引起的畸形有小叶、皱缩、矮化等。

6) 流脂与流胶。病部有树脂或胶质自树皮渗出。前者发生于针叶树上,后者发生在阔叶树上。一般由真菌、细菌或生理原因引起。

(2) 病征。病征是病原物在发病部位表现出的特征。病征是鉴定病原和诊断病害的重要依据之一。真菌病害的病征有霉状物、煤污、白粉、锈粉、点状物和蕈体,细菌病害的病征是菌脓。病毒病害、线虫病害和非侵染性病害无病征。

3. 主要林木病害的防治

(1) 树木煤污病(见图2—1)

各地都有发生。雪松、罗汉松、香樟、合欢、月桂、海桐、山茶、大叶黄杨、柑橘等几十种植物都可感病。树木发病后失去美丽色彩,严重时叶、芽萌发受阻,病叶脱落。

1) 症状。主要症状是受害部位覆盖一层煤烟状物,初期煤烟状物成点片状,有时附属在蚜虫、介壳虫的分泌物上,以后扩大变厚,连接成大块黑色霉层。有时在干燥条件下霉层开裂剥落。

2) 发病规律。属于真菌性病害。病菌在病枝、病叶和虫体上越冬,通过风和昆虫传播,以蚜虫、介壳虫、木虱、粉虱等害虫的分泌物或植物渗出物为养分,病菌(煤炱菌)与蚜虫、介壳虫的关系更为密切。这些害虫为害严重时病害也严重,凡植物密集、长期通风透光不良、环境阴湿的地方都有利于病害发展。

3) 防治措施

①防治蚜虫、介壳虫、木虱、粉虱。

②改善通风透光条件。

③杀虫剂中混入杀菌剂,常规杀菌剂都可使用,或用安纳100倍液。

(2) 大叶黄杨炭疽病(见图2—2)

图2—1 树木煤污病

图2—2 大叶黄杨炭疽病

分布于吉林、上海、江苏、江西等地的栽培地区。危害大叶黄杨，发病严重时，会引起枝叶枯死。

1) 症状。病害发生在叶片和嫩梢上。叶片上的病斑呈椭圆形或圆形，大小为3～12 mm，病斑边缘有较狭的深褐色隆起，中央灰白色，后期在灰白处形成较粗的圆形或椭圆形的小黑点，排列稀疏，多在叶片正面，有时呈轮纹状排列，即病原菌的分生孢子盘。在嫩梢上，病斑条状，灰白色，其上生黑色小点，也可引起枝条枯死。此病常与大叶黄杨褐斑病混合发生，同一叶片可有两种病斑，此病与大叶黄杨褐斑病的区别之处在于炭疽病病斑周围没有黄色晕环圈，而褐斑病病斑边缘有晕圈。

2) 发病规律。属于真菌性病害。病菌以菌丝体或孢子盘在病枝、病叶组织中越冬。翌年5—6月在温、湿度适宜时，分生孢子萌发，常从寄主伤口侵入。此病寄生性不强，只能从伤口侵入。此病发生期比褐斑病稍迟。

3) 防治方法

①秋冬收集病枝落叶集中烧毁，减少病源。

②发病初期及时喷施75％百菌清可湿性粉剂500倍液，或50％炭疽福美可湿性粉剂500倍液，或1∶1∶160波尔多液，或50％退菌特可湿性粉剂800倍液。

(3) 苗木根癌病（见图2—3）

是多种苗木上的重要根部病害。各地都有分布，可为害桃树、梨树、榆树、苹果树、柳树、毛白杨等多种植物，以蔷薇科最多。

1) 症状。主要发生在植物根颈部，也可发生于侧根和支根，嫁接处较为常见。根部被害形成癌瘤，初生时乳白色或略带红色，光滑，柔软，后逐渐变为褐色，表面粗糙或凹凸不平。苗木受害表现为发育不良，生长缓慢，植株矮小，成年树受害后果实小，树龄缩短。

2) 发病特点。本病由细菌引起。病原细菌在根瘤或土壤中越冬。病菌随苗木的调运、灌水、中耕、除草、地下害虫进行传播，由伤口侵入。土壤湿度大、微碱性，根部伤口多，发病严重。

3) 防治方法

①加强苗木检疫，防止随苗传播。

②移栽苗木时，淘汰重病苗，轻病苗剪除肿瘤，然后用1％硫酸铜溶液或50倍抗菌剂402溶液消毒切口，再外涂波尔多液浆保护。

③用"根瘤宁"和"敌根瘤"浸泡、涂抹或浇根，也有较好的防治效果。

(4) 苗木猝倒病（立枯病，见图2—4）

为害松、杉等针叶树，以及檫树、香椿、臭椿、榆树、枫杨、桦树、桑树和刺槐等阔叶树种的幼苗，在短期内可引起幼苗大量死亡。

1) 症状。病害多在4—6月间发生，因发病时期不同，可出现四种症状类型。

①种芽腐烂型。种子或幼芽在出土前受到土壤中病菌的侵染而腐烂，一般表现为出苗

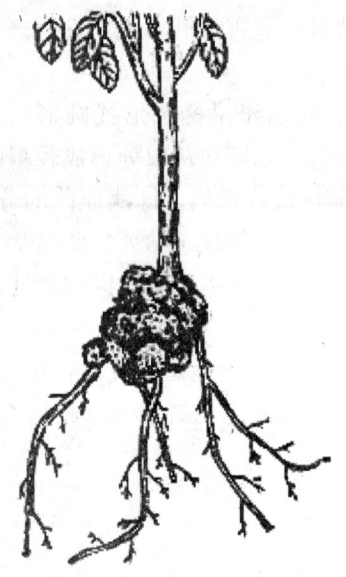
图2—3 苗木根癌病

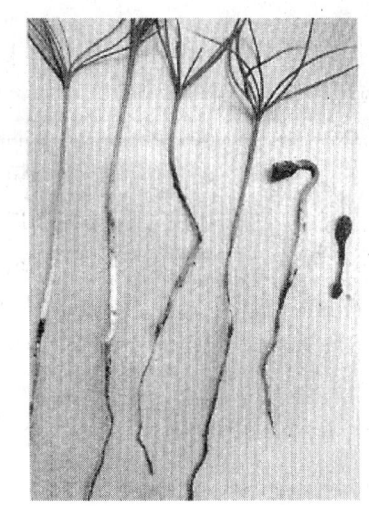
图2—4 苗木猝倒病

率降低或成块缺苗。

②茎叶腐烂型。幼苗出土后，由于苗木过于密集，苗丛内光照不足，遇阴雨天气，其嫩叶和嫩茎感病腐烂，常生出白色丝状物，一般先从幼苗顶端开始发病，然后蔓延全株。

③幼苗猝倒型。幼苗出土后，苗木幼嫩，茎部未木质化，外表未形成角质层和木栓层，病菌自根茎侵入，产生褐色斑点，病斑扩大呈水渍状后根茎腐烂、缢缩，苗木迅速倒伏，引起典型的猝倒症状。

④苗木立枯型。幼苗出土后，基部已木质化，病菌从根部侵入，使根部腐烂，病苗枯死，但不倒伏，故称立枯病。若拔出枯死苗木，根皮常脱落，只能拔出木质部。

2）发病特点。引起苗木猝倒病的原因有非侵染性和侵染性两大类。病害的发生与以下情况有关：

①前作是马铃薯、棉花、茄子、瓜等感病植物的圃地，病株残体多，病菌繁殖快，苗木易发病。

②雨天操作，因土壤潮湿、板结，促使种芽窒息、腐烂。

③圃地粗糙，床面不平，土壤黏重，苗木生长纤弱，病害易发生。

④施用未腐熟的有机肥料，常带有病株残体，病菌易侵入为害苗木，且肥料在腐熟过程中易烧坏幼苗。

⑤播种过迟，幼苗出土较晚，出土后若遇阴雨天，湿度大，有利于病菌生长，加上苗茎幼嫩，抗病力差，病害易发生。

⑥苗木过密，苗间湿度大，有利于病菌蔓延，容易发生茎叶腐烂。

⑦天气干旱，苗木缺水或地表温度过高，根茎日灼伤，有利于病害发生。

⑧连续培育松、杉苗三年以上的老圃地容易发病。

3）防治方法

①选用圃地。选择地势平坦、排水良好、疏松肥沃的土地育苗，不用黏重土壤和前作是茄科等感病植物的土地做苗圃。

②土壤消毒。将75％五氯硝基苯与70％敌磺钠（比例3∶1）用20倍过筛潮土稀释，用药量为4～6 g/m²，施于播种沟内。还可用30％硫酸亚铁水溶液于播种前5～7天均匀地浇洒在土壤中，药液用量为2 kg/m²。

③种子处理。播种前可用0.5％高锰酸钾溶液浸泡种子2 h，捞出密封30 min，用清水冲洗后催芽播种。及时播种后种子发芽顺利，苗木生长健壮，抗病性强。

④加强苗圃管理

a. 合理施肥，细致整地，播种前灌好水，加强松土除草，使之有利于苗木生长，防治病害发生。

b. 苗木发病后要及时用化学药剂治疗。因幼苗猝倒病多在雨天发生，可用70％敌磺钠原粉2 g/m²与细土拌匀后撒于苗木根颈部，可抑制病害蔓延；对于茎、叶腐烂的，应及时揭去覆盖物和排除积水，喷0.5％等量式波尔多液，每半月喷一次；对于苗木立枯，要及时松土，可用硫酸亚铁炒干研碎，与细土按2∶100拌匀，用药量为1 500～2 250 kg/hm²。

(5) 苗木茎腐病（见图2—5）

为害多种针、阔叶树苗，其中以银杏、扁柏、香榧、杜仲、香椿、桉树及檫树等最易感病。在夏季高温炎热的地区经常发生，死亡率可达90％以上。

1) 症状。苗木初期茎基部变褐色，叶片失绿，稍下垂。病部包围茎基，并迅速向上扩展，引起全株枯死，叶下垂但不脱落。苗木枯死3～5天后，茎上部皮层稍皱缩，内皮层腐烂呈海绵状或粉末状，浅灰色，其中有许多黑色小菌核。病菌也侵入木质部和髓部，变褐色，中空，也生有小菌核。最后病菌蔓延至根部，使整个根系皮层腐烂。若拔起病苗，则根皮脱落，仅拔出木质部。2～3年苗感病，有的地上部枯死，根部仍保持健康，当年自根颈部能发出新芽。

2) 发病特点。本病由真菌引起。病菌喜好高温，生长最适宜温度为30～32℃。平时在土壤中营腐生生活，在适宜条件下，自伤口侵入为害。夏季炎热，土温增高，苗茎受高温灼伤，易发病。一般气温越高，持续时间越长，则病害越重。

3) 防治方法

①夏季采取在苗圃架设荫棚、行间覆草、适当灌水及间作绿肥等措施，可降低苗床温度，防止根茎日灼伤，减少病害发生。

②增施有机肥、磷钾肥，促进苗木的生长，提高抗病力。

(6) 樟树炭疽病（见图2—6）

1) 症状。叶片和果实上的病斑呈圆形，可相互连接，颜色呈暗褐色至黑色，嫩叶皱缩变形。幼茎上初生圆形或椭圆形病斑，先呈紫褐色，后呈黑褐色，下陷，可相互连接，

图2—5 苗木茎腐病

图2—6 樟树炭疽病

病枝变黑枯死。若病斑沿主干向下蔓延,可导致整株枯死。潮湿时,病部产生粉红色小点,春夏之交有时可产生黑色核粒物。

2) 发病特点。本病由真菌引起。樟树苗木和幼树发病重,大树发病较轻。在高温高湿、土壤贫瘠的条件下,有利于发病。

3) 防治

①应选择肥沃、湿润的土壤作栽植地。

②清除病枝叶,集中烧毁。

③在新叶新梢期,喷洒1%波尔多液。

2.2.2 森林害虫

1. 昆虫基本特征

昆虫是动物界中种类最多、数量最大、分布最广的一个类群。在动物分类中,昆虫属于节肢动物门昆虫纲。全世界已知的昆虫种类大约有一百多万种,约占已知动物种类的2/3。从昆虫对人类的利和害来看,可以把昆虫分成害虫和益虫两大类。昆虫纲中的直翅目、半翅目、同翅目、缨翅目、鞘翅目、鳞翅目、双翅目与膜翅目八个目的昆虫与林业生产关系密切。

(1) 昆虫的形态特征(参见图2—7蝗虫的体躯构造)。昆虫区别于其他节肢动物的主要特征是:成虫的体躯明显分为头、胸、腹三个体段。头部生有触角、口器和眼;胸部具有3对足,通常还有2对翅;腹部末端生有外生殖器等。胚后发育过程中有变态现象。

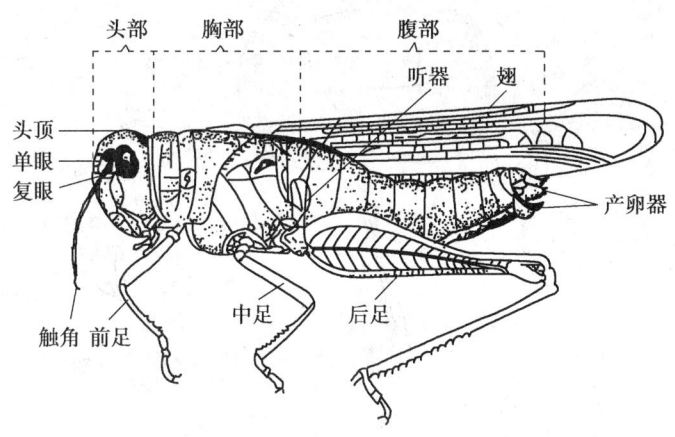

图 2—7 蝗虫的体躯构造

(2) 昆虫的主要附器

1) 头部及其附器。头部是昆虫体躯最前面的一个体段。通常着生复眼 1 对,单眼 2～3 个,触角 1 对和口器一组,是昆虫感觉和取食的中心。

①头式(见图 2—8)。有下口式、前口式和后口式。

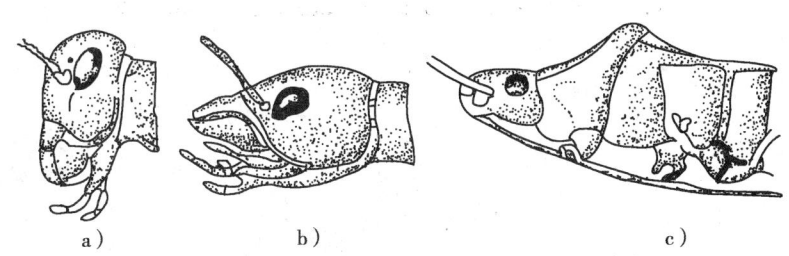

图 2—8 昆虫的头式
a) 蝗虫的下口式 b) 步行虫的前口式 c) 蜡象的后口式

②触角。是昆虫的感觉器官。由柄节、梗节组成,类型很多。

③口器。口器是昆虫的取食器官,形式多样,但主要是咀嚼式口器(见图 2—9)和刺吸式口器(见图 2—10)两种类型,见表 2—3。

④眼。通常有一对复眼,2～3 个单眼,少数 1 个单眼。

2) 胸部及其附器。胸部是昆虫的第二体段,位于头部之后,由前胸、中胸和后胸 3 节组成。每胸节着生 1 对足,分别称为前足、中足、后足。中胸和后胸还着生 1 对翅,分别称为前翅和后翅。胸部是昆虫的运动中心。

①足。是昆虫的运动器官之一。常见的类型有:步行足、开掘足、跳跃足、携粉足、游泳足和捕捉足。

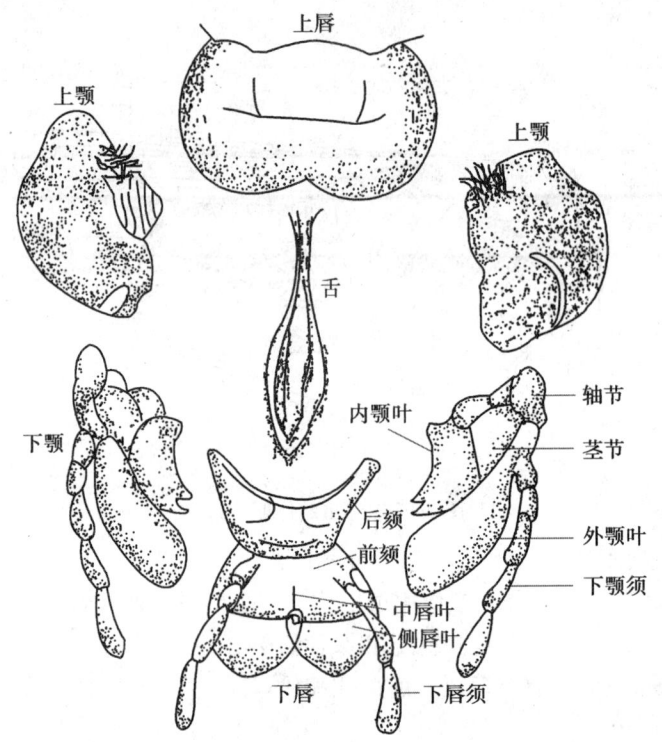

图 2—9 蝗虫的咀嚼式口器

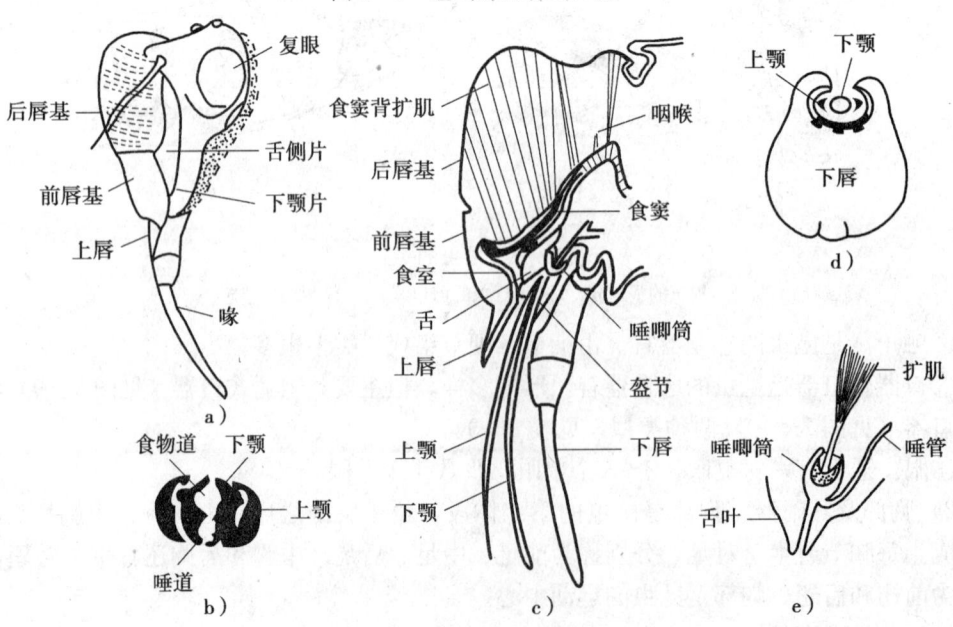

图 2—10 蚱蝉的头部和刺吸式口器

a) 头部侧面观 b) 上、下颚的口针横切面 c) 头部纵切面 d) 喙横切面 e) 唾唧筒纵切面

表 2—3　　　　　　　　　　昆虫口器基本情况比较

类型	咀嚼式口器	刺吸式口器
构造	一对上颚、一对下颚、舌、上唇、下唇等	口针、喙等
取食方法	主要咀嚼花、茎、叶、果等固体食物	主要刺吸植物汁液（液体食物）
为害特点	将植物咬成缺刻、孔洞等	造成植物变色、斑点、枯萎、传播病毒
代表种类	蝗虫、鳞翅目幼虫等	蚜虫、介壳虫等

②翅。是昆虫的另一运动器官。昆虫的翅通常呈三角形。昆虫的翅在演化过程中，在质地、形状和覆盖物上发生了很大的变化，形成了不同的类型。常见的有：膜翅、复翅、鞘翅、半鞘翅、鳞翅、缨翅、平衡棒等。

3）腹部及其附器。腹部是昆虫的第三个体段，大多由9～10节组成。除外生殖器和尾须外，腹部的附肢大多退化，腹部里面包藏着昆虫的主要内脏器官，所以腹部是昆虫新陈代谢和繁殖的中心。

①外生殖器。雌性外生殖器生于腹部第8、9腹节上，为产卵的工具，故称产卵器。雄性外生殖器称为交配器。

②尾须。具感觉作用。

（3）昆虫的生物学特征

1）繁殖方式

①两性生殖。昆虫经过雌雄两性交配，卵受精后发育成新的个体的生殖方式，称为两性生殖。

②孤雌生殖。雌虫不经交配或卵不经受精即能繁殖新个体的现象，称为孤雌生殖。

除以上两种外，昆虫的繁殖方式还有多胚生殖等。

2）变态。昆虫的个体发育可分为胚胎发育和胚后发育两个阶段。胚胎发育指从卵受精开始到幼虫破开卵壳孵化为止。胚后发育指幼虫自卵中孵化到成虫性成熟为止。

昆虫在胚后生长发育过程中，不仅体积和体重不断增加，在外部形态和内部结构上也发生了显著变化，这种从卵孵化到成虫性成熟所经过的形态上的变化称为变态。昆虫的变态主要有不完全变态和完全变态两大类。

①不完全变态。是指昆虫的胚后发育经历了卵、若虫和成虫三个虫态，如蝗虫，它们的幼虫与成虫形态、习性和生活环境相似，但体小，翅和附肢短，性器官不成熟，其幼虫也称"若虫"。

②完全变态。是指昆虫在胚后发育过程中，要经历卵、幼虫、蛹和成虫四个不同的虫态。

a．卵期。是指卵从母体产下到卵孵化所经过的时期。在胚胎发育完成后，幼虫从卵壳中破壳而出的过程称为孵化。

b．幼虫期。由孵化出幼虫到幼虫化蛹所经历的时期，称为幼虫期。幼虫两次脱皮间隔的时间称为龄期。初孵化和初脱皮的幼虫因表皮嫩薄，各种触杀剂容易通过体壁进入虫体，因此，是化学防治的有利时机。

c. 蛹期。蛹是完全变态类昆虫由幼虫转变为成虫所必须经过的过渡虫态。幼虫蜕皮变蛹的过程叫化蛹。

d. 成虫期。不完全变态的老熟若虫和完全变态的蛹蜕皮后变为成虫，这个过程称为羽化。成虫期昆虫要交配产卵，是昆虫的生殖期。

3) 世代和生活年史

①世代。昆虫从卵开始至成虫再产卵为止的个体发育周期称为1个世代。昆虫完成1个世代所经历的时间长短不一。

②生活年史。昆虫一生的经过，即各虫期出现和所经历的时间称为生活史。昆虫在一年中的发生情况，即从当年越冬虫态出蛰活动到第二年越冬结束为止所发生的世代数目及各世代和各虫期出现和经历的时间，称为生活年史或年生活史。

4) 昆虫的习性和行为

昆虫的习性和行为是昆虫对各种刺激所产生的反应。

①食性。按取食的性质主要可分为植食性和肉食性两大类。按取食的范围可分为单食性、寡食性和多食性三大类。

②趋性。有趋光性、趋温性、趋化性等，是昆虫对外界的物理或化学刺激产生趋向或回避的反应运动。

③迁移性。昆虫在个体发育过程中，为了满足对食物和环境的需要，有向周围扩散、蔓延的习性。

④群集性。同种昆虫大量个体高密度聚集在一起的现象称为群集性。

⑤假死性。有些昆虫遇到惊动后，立即收缩附肢，卷缩一团坠地装死，称假死性。

2. 常见森林害虫

(1) 黄刺蛾（属鳞翅目，刺蛾科，见图2—11）

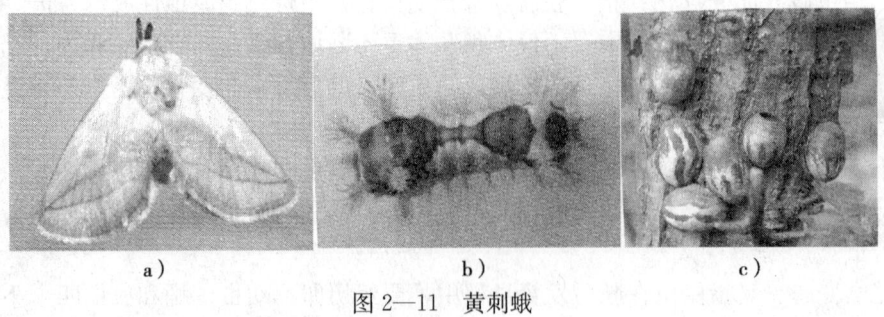

图2—11 黄刺蛾
a) 成虫 b) 幼虫 c) 茧

1) 形态特征

①成虫。雌蛾体长15～17 mm。雄蛾略小。体橙黄色，触角丝状，棕褐色。前翅黄褐色，内半部黄色，外半部褐色。有两条暗褐色斜线，在翅尖上汇合于一点，呈倒"V"字

形，内面一条为黄色和褐色的分界线。

②幼虫。老熟幼虫长约 25 mm，略呈长方形，体色鲜艳。体背有紫褐色大斑，体节上有刺突。

③虫茧。椭圆形，质坚硬，黑褐色，有灰白色纵条纹。

2) 发生规律。江、浙、沪地区一年发生 2 代。老熟幼虫在树干缝隙或枝梗上结茧越冬；成虫分别在 5 月下旬和 8 月上、中旬出现，成虫有趋光性；在叶近末端背面，卵散生或数粒在一起，卵经 5～6 天孵化，7 月幼虫老熟时先吐丝缠绕枝杆，后吐丝和分泌黏液结茧，新一代幼虫于 8 月下旬以后大量出现，秋后在树上结茧越冬。

3) 防治方法

①人工防治。如植株不高，可敲除树干上的越冬虫茧。

②物理防治。悬挂黑光灯诱捕成虫。

③药剂防治。幼虫为害期可喷施 40％乐斯本乳油 1 500 倍液，或 50％杀螟松乳油 1 000 倍液，或 5％卡死克乳油 1 500 倍液。

④生物防治。施用苏云金杆菌制剂－Bt 乳剂 500 倍液。保护利用刺蛾广肩小蜂、上海青蜂等天敌。

(2) 棉蚜（属同翅目，蚜科，见图 2—12）

1) 形态特征。成虫体长 2 mm 左右；洋梨形，体色多变，多为草绿色至黄色，有一对圆筒形腹管。有有翅和无翅之分。若虫较小，似无翅成蚜。

2) 为害特点。棉蚜每年繁殖 20 代左右，温室内可四季为害。棉蚜为害石榴、紫荆等多种林木植物。成、若虫聚集在叶背或嫩枝刺吸为害，造成植株发黄、枯死等现象。同时还传播病毒、诱发煤污病等。

3) 防治

①生物防治。天敌有瓢虫、草蛉等。

②化学防治。为害期间喷施农药，如 20％杀灭菊酯 2 000 倍液，或 25％吡虫啉可湿性粉剂 5 000 倍液等。

图 2—12 棉蚜为害状

(3) 红蜡蚧（属同翅目，蚧科，见图 2—13）

1) 形态特征。雌成虫蜡壳很厚，椭圆形，长约 3～4 mm，高 2.5 cm，背面中央隆起呈半球形。顶部白色凹陷呈脐状，两侧共有 4 条白色蜡带向上卷起。

2) 为害特点。红蜡蚧一年发生一代。6 月为若虫孵化盛期。红蜡蚧为害广玉兰、苏铁、雪松等观赏植物，成若虫聚集在嫩枝上固定为害，严重时嫩枝新梢布满此虫，并诱发煤污病。

3) 防治

①农业防治。结合修剪，烧毁虫枝。

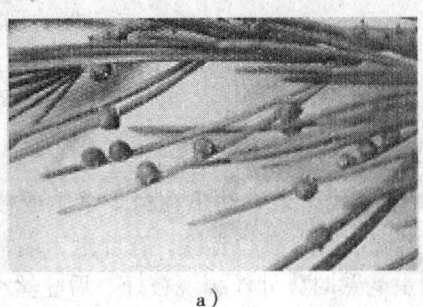 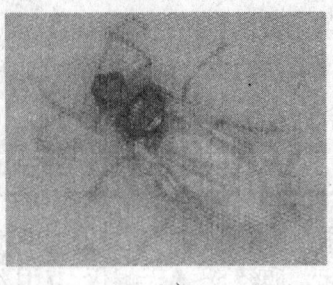

a)　　　　　　　　　　　　b)

图 2—13　红蜡蚧
a) 幼虫　b) 雄成虫

②化学防治。6月份若虫孵化盛期即防治适期，可用50%乙酰甲胺磷1 000倍液，或20%杀灭菊酯2 000倍液。

(4) 朱砂叶螨（属蜱螨目，叶螨科，见图2—14）

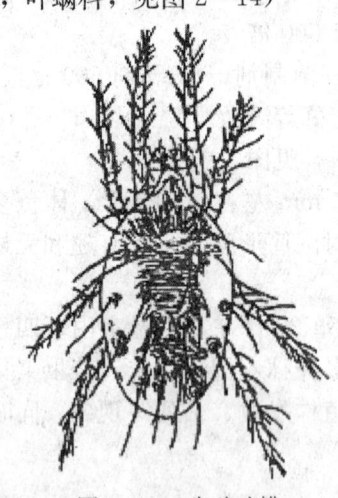

图 2—14　朱砂叶螨

1) 形态特征。成螨体梨形，体长0.5 mm以下，体色多为橘红色或锈红色，足4对。若螨体更小，近似成螨。

2) 为害特点。朱砂叶螨年发生10多代，高温干旱有利于发生。朱砂叶螨为害月季、桂花等多种观赏植物，以成、若螨聚集植株、叶背、枝条等部刺吸为害，造成叶片枯黄脱落，并诱发煤污病。

3) 防治

①农业防治。消除枯枝落叶等。

②化学防治。发生期间可用15%速螨酮乳油3 000倍液，或用73%克螨特乳油2 000倍液等喷雾。

(5) 星天牛（属鞘翅目，天牛科，见图2—15）。星天牛是林木植物重要的蛀茎干害虫。属鞘翅目，天牛科。主要以幼虫钻蛀植株茎干，在韧皮部和木质部形成蛀道为害。

图 2—15 星天牛
a) 成虫 b) 幼虫

1) 形态特征

①成虫。体长 19~41 mm，雌大雄小，体色漆黑，略带金属光泽。鞘翅基部有黑色小颗粒，每翅具大小白斑约 20 个。

②幼虫。老熟幼虫体长 38~60 mm，乳白色，头部褐色，前胸略扁。

2) 为害特点。星天牛在上海等地区一年发生一代，幼虫在被害植株木质部内越冬。星天牛为害月季、杨树、柳树等观赏植物，钻蛀为害，造成植株枯萎死亡。

3) 防治

①物理防治。用钢丝钩钩除幼虫。

②化学防治。2.5%杀灭菊酯 2 000 倍液喷杀成虫，或用敌敌畏药泥堵塞虫孔等。

（6）小地老虎（属鳞翅目，夜蛾科，见图 2—16）

图 2—16 小地老虎
a) 幼虫 b) 成虫

1) 形态特征

①成虫。体长 16~23 mm，前翅前缘黑褐色，有一尖端向外的黑色楔形斑与二尖端向内的楔形斑相对。

②幼虫。老熟幼虫体长 37~47 mm，黄褐色至暗色，表面极粗糙，密被黑色颗粒。

2) 为害特点。以幼虫为害寄主的幼苗，从地面截断植株或咬食未出土幼苗及生长点，严重影响幼苗和植株正常生长。

3）防治

①物理防治。诱杀成虫，根据其趋性，可用黑光灯或糖醋液诱杀成虫。糖醋液配法如下：红糖或其他代用品6份，醋1份，水10份，90%晶体敌百虫0.2份（先入水溶解），按比例配成，放入盆内，置于离地面30～40 cm高度处，每200～300 m² 放置1盆，次晨取回，清除死蛾。

②化学防治。用50%辛硫磷1 500倍液泼浇根际周围，每根泼200～300 mL。

（7）蛴螬（金龟子类幼虫，属鞘翅目，金龟甲科，见图2—17）

1）形态特征。蛴螬体形较肥粗而弯成"C"形，虫体柔软，呈白色或淡黄色，胸足发达，皮肤皱褶，有毛。

2）为害特点。蛴螬一般1～2年发生1代，生活在土中。蛴螬可为害多种林木植物的根系，造成地上部分枯死。

图2—17 蛴螬

3）防治

①农业防治。结合冬季翻地，清理越冬幼虫。

②化学防治。结合耕地，施入3%呋喃丹颗粒剂，或用25%辛硫鳞1 000倍液浇灌土壤或盆土。

2.2.3 森林病虫害防治原理及技术措施

1. 植物检疫

森林植物检疫是以法规为依据，设立专门机构，通过法律、行政和技术手段，对生产和流通中的某些感染特定病虫害的森林植物和林产品采取禁运和限制措施，以防止这些病、虫及杂草和其他有害生物的人为传播，保证国家林业生产安全的各种措施的总称。

（1）植物检疫的任务。森林植物检疫的任务主要包括四个方面：

1）对外检疫，即禁止危险性病、虫、杂草随着林木及其产品由国外传入或由国内输出。

2）对内检疫，即将在国内局部地区发生的危险性病、虫、杂草封锁，使它不能传到无病区，并在疫区将其消灭。

3）当危险性病、虫、杂草侵入到新区时，应立即采取措施控制其蔓延或彻底消灭之。

4）保障林木及其产品的正常流通。

（2）植物检疫对象

森林植物检疫对象是指国家林业主管部门根据一定时期国际、国内病虫发生及为害情况和本国、本地区的实际需要，经一定程序制定、发布禁止传播的危险植物的病、虫及杂草名单。确定检疫对象应满足三个条件：

1）危险性大，传入以后可能给农、林生产造成重大损失的病、虫及杂草。

2）随种苗、原木、加工产品或包装物传播的病、虫及杂草。

3）国内尚未发生的或局部发生的病、虫及杂草。

为了便于植物检疫工作的开展，还要制定应施检疫的植物及其产品名单。目前我国执行的是林业部 1996 年 1 月 5 日公布的《森林植物检疫对象和应施检疫的森林植物及产品名单》。

（3）植物检疫内容。森林植物检疫包括对外检疫和对内检疫两种，现将与苗木生产关系最密切的检疫内容作一简要介绍。

1）建立无检疫对象的种苗繁育基地。建立无检疫对象的种苗繁育基地，生产健康苗木，是为防止危险性病虫侵入新区所采取的一项根本性的安全生产措施。

2）产地检疫。产地检疫是指在植物生长和检疫对象发生期间，由森林植物检疫人员到森林植物及其产品的产地所进行的检疫。

3）调运检疫。调运检疫，是指森林植物及其产品在调出原产地之前、运输途中、到达新的种植或使用地点之后，根据国家或地方政府颁布的森林植物检疫法规，由专门的森林植物检疫机构对应施检疫的森林植物及其产品所采取的检疫和严格的检疫处理措施。调运检疫是国内森林植物检疫工作的核心，也是防止危险性病虫随森林植物及其产品在国内人为传播的关键。根据调运森林植物及其产品的方向，调运检疫分为调出检疫和调入检疫。

4）国外引种检疫。国外引种检疫，是防止危险性病虫随着引进种苗等繁殖材料传入国内的重要措施。国外的引种检疫包括检疫审批、口岸检疫把关、隔离试种观察三个环节。

2. 林业技术防治法

林业技术防治法就是根据林木病虫害发生条件与林木栽培管理措施之间的相互关系，结合整个森林培育过程中各方面的具体措施，有目的地创造有利于林木生长发育而不利于病虫发生的生态环境，以达到直接或间接抑制病虫的目的。林业技术防治法是最基本的防治方法，但也有一定的局限性，一旦病虫害大发生，必须配合其他防治措施。

（1）育苗措施。在育苗的各个环节中，要落实防治病虫害的各项措施，培育健康优良苗木，杜绝带有病虫的苗木出圃。

（2）造林措施。造林时适地适树是减少病虫害发生的一项重要措施。应根据立地条件选择与生物学特性相适应的造林树种，否则林木生长衰弱，容易遭受病虫害侵害。要避免在多种病虫害可能流行的地区内种植感病树种。营造混交林时，合理地安排树种搭配比例和配置方式，对提高森林的自然保护性能有着重要意义。

（3）抚育措施。适时间伐，及时调整林分密度，能够促进林木生长，提高木材质量和经济出材率，预防和减少病虫害造成的损失。抚育间伐一般结合卫生伐除，清除病虫发生中心，伐除那些衰弱木、畸形木、濒死木、枯立木、风倒木、风折木、受机械损伤及感染腐朽病和有蛀干害虫的林木，以便将病虫消灭在点片发生阶段，防止其蔓延扩展。及时修除枯枝、弱枝，能减少森林火灾的发生，减弱雪压和风害，防止蛀干害虫和立木腐朽病的发生和蔓延。修枝切口要平滑，不偏不裂，不削皮和不带皮，使伤口创面最小，有利于愈合。要预防山火，禁止放牧和随意削皮砍号，以免造成机械损伤，减轻林木腐朽病和溃疡烂皮病的发生。

（4）运输和储藏。成熟林要及时采伐，以减轻蛀干害虫和树木腐朽病的为害。采伐迹地要及时清理伐桩、大枝丫，以免害虫滋生蔓延。在木材的运输、储藏中也应搞好木材的防虫、防腐工作。采伐的原木不宜留在林内，必须在5月份之前清除出林外，或刮皮处理，防止小蠹虫等蛀干害虫寄生。

（5）选育抗病虫树种。选育抗病虫树种是利用遗传学方法防治森林病虫害的重要措施，特别是对那些还没有其他有效防治措施的病虫害，抗病虫树种的利用是非常重要的，但一般需要较长时间才能获得有价值的品系。

3. 生物防治法

生物防治是利用生物及其代谢物质来控制有害生物的一种防治方法。

（1）生物防治的特点。生物防治的优点有：大多数天敌对人、畜、植物无毒无害，选择性强，不污染空气、土壤和水域，不会产生抗性，能有效保护天敌，被驯化而建立了优势群落的天敌能长期控制害虫。天敌资源丰富，材料易得，可以就地取材。所以，生物防治是森林病虫害综合治理的重要组成部分，是很有发展前景的。但它也存在一定的局限性，如效果缓慢，在高虫口密度下使用不能起到迅速压低虫口的目的；技术条件要求高，受环境条件限制大等。因而，必须与其他方法相配合，才能取得最佳的防治效果。

（2）生物防治的途径。生物防治的途径主要有以下四个方面：

1）利用微生物防治。常见的方法有：运用真菌、细菌、病毒和能分泌抗生物质的抗生菌进行病虫防治。如运用白僵菌（真菌）防治马尾松毛虫，运用苏云金杆菌（细菌）的各种变种制剂防治多种林业害虫。

2）利用寄生性天敌防治。主要包括寄生蜂和寄生蝇。最常见的有利用赤眼蜂、寄生蝇防治松毛虫等多种害虫。

3）利用捕食性天敌防治。这类天敌很多，主要有食虫、食鼠的脊椎动物和捕食性节肢动物两大类。

4）利用昆虫激素防治，包括内激素和信息素，目前我国已合成应用的有白杨透翅蛾、美国白蛾、舞毒蛾及华北落叶松鞘蛾等害虫的性信息素，可用于昆虫种群监测、迷向和直接防治。

4. 物理防治法

物理防治法是利用一些器械或物理因素（光、热、电、风及放射能等）来防治病虫害的方法。物理防治法既包括一些古老的方法，又包括近代物理学新成就的运用。有些方法简单易行，很适合小面积场圃和庭园树木的病虫害防治，但费工费时，有很大的局限性。常见的防治方法有以下四种：

（1）高温处理法。由于害虫和病菌对高温的忍耐力都比较差，因此，可通过高温来杀死害虫和病菌。如用80℃的温水浸泡刺槐种子30 min，可将其中的刺槐种子小蜂杀死。现代温室多用蒸汽处理温室或苗床土壤，通常用80～95℃蒸汽处理30～60 min，可杀死大多数病原物。日光曝晒种子也是驱杀害虫和防止种子在储藏期间霉变和受害虫侵害的有效方法。

(2) 捕杀法。直接利用人力或简单工具，在害虫局部发生时或处于群聚阶段时组织捕杀，简单易行。

(3) 阻隔法。阻隔法即人工设置各种障碍，切断病虫害侵害途径，直接加以消灭的方法。

(4) 诱杀法

1) 灯光诱杀。利用某些害虫的趋光性，可在晚间设置黑光灯诱杀。

2) 食物诱杀。利用害虫喜食某食物的习性来诱杀害虫的方法称为食物诱杀。

3) 潜所诱杀。利用害虫在某一时期喜好某一特殊环境的习性，人工设置类似的环境来诱杀害虫，称为潜所诱杀。

5. 化学防治法

化学防治法是指运用化学农药来防治病、虫、杂草及其他有害生物的一种方法。它具有高效、方便、杀病虫范围广等特点，在一定条件下能快速消灭病虫害，所以，从20世纪40年代有机化学农药开始大量生产并广泛运用至今，已成为病虫害防治的一种重要手段。但化学防治法也存在明显的缺点，即污染环境，毒性大，易杀伤天敌，经常使用会产生抗药性和药害。随着科学技术的发展，化学药剂的选择和运用会越来越慎重，但仍然是一种重要的病虫害防治手段。

6. 森林病虫害综合治理

在《森林病虫害防治条例》中明确了"预防为主，综合治理"的工作方针。

综合治理是以生态学的原理和经济学的原则为依据，采用最优化的技术组配方案，把有害生物的种群数量比较长期地稳定在经济损害允许的水平之下，以获得最佳的经济效益、生态效益和社会效益。

自20世纪90年代以来，在可持续发展思潮的影响下，有人又提出了森林有害生物的可持续控制策略，今后将成为指导森林病虫害防治的理论基础。

2.2.4 农药基础知识

农药是农用化学药剂的简称，是指用于预防、消灭或者控制为害农林业的病、虫、草和其他有害生物，以及有目的地调节植物与昆虫生长的混合物及其制剂。现有农药品种近2 000种，制剂上万种。掌握农药的基本知识，对于防治森林病虫害有着重要意义。

1. 农药的分类

农药的分类方法很多，根据防治对象，大致可分为杀虫剂、杀菌剂、杀螨剂、除草剂、杀线虫剂及杀鼠剂等。下面作简单介绍。

（1）杀虫剂。按作用方式和进入虫体的途径可分为：

1）胃毒剂。通过消化系统进入虫体内，使害虫中毒死亡的药剂，如敌百虫。

2）触杀剂。通过接触害虫体壁渗入害虫体腔和血液中，使害虫中毒死亡的药剂，如敌敌畏。

3）熏蒸剂。以气体状态通过害虫呼吸系统进入害虫体内，使害虫中毒死亡的药剂，如磷化铝。

4）内吸剂。通过林木根、茎、叶的吸收，在植物体内输导、存留或产生代谢物，害虫在取食植物组织汁液时，使害虫中毒死亡的药剂，如氧化乐果。

此外，还有特异性杀虫剂，如忌避剂、引诱剂、拒食剂、不育剂及昆虫生长调节剂等。

（2）杀菌剂。用来防治植物病害的药剂。按其作用方式可分为：

1）保护剂。在病原物侵入寄主之前，喷布于寄主表面，以保护寄主免受为害，如波尔多液、福美类杀菌剂等。

2）治疗剂。在病原物侵入寄主后，用来处理寄主，以减轻或阻止病原物为害的药剂，如多菌灵、三唑酮等。

（3）杀螨剂。用来防治植食性螨类的化学药剂，如克螨特等。

2. 农药的加工剂型

工厂生产的农药，未经加工成剂的称为原药。农药的原药加入辅助剂后，制成的药剂形态，称为剂型。林业上常用的农药加工剂型有：

（1）粉剂。粉剂主要用于喷粉、拌种、毒饵和土壤处理等，但不能加水喷雾使用。

（2）可湿性粉剂。可湿性粉剂用于喷雾，要搅拌均匀，喷药时及时摇振，储存时不宜受潮、受压。

（3）乳油。乳油加水稀释，即可用来喷雾。乳油防治害虫的效果一般比其他剂型好，耐雨水冲刷，易于渗透。

（4）可溶性粉剂。可溶性粉剂中有效成分含量一般较高，药效一般高于可湿性粉剂，与乳油接近。

（5）烟剂。适用于森林和温室大棚。因烟剂易燃，在储存运输使用时要注意防火。

另外，还有悬浮剂、油剂、微胶囊悬浮剂等。

3. 农药的稀释计算

（1）按有效成分含量计算。通用公式为：

原药剂有效成分含量×原药剂用量＝需配药剂的有效成分含量×稀释剂用量

当稀释100倍以下时，则改用下式计算：

$$\left(\begin{matrix}原药剂有效\\成分含量\end{matrix} - \begin{matrix}需配药剂有效\\成分含量\end{matrix}\right) \times 原药剂用量 = \begin{matrix}需配药剂的\\有效成分含量\end{matrix} \times 稀释剂用量$$

【例1】用50%福美双可湿性粉剂5 kg，配成2%的稀释液，需加水多少？

解：根据上述公式计算可得

$$稀释剂用量 = 5 \times (50\% - 2\%) \div 2\% = 120 \text{ (kg)}$$

【例2】要配制0.5%辛硫磷药液1 000 mL，求40%辛硫磷乳油的用量。

解：

$$原药剂用量 = \frac{1\,000 \times 0.5\%}{40\%} = 12.5 \text{ (mL)}$$

（2）按稀释倍数计算。此法不考虑有效成分的含量，通用公式为：

$$稀释剂用量 = 原药剂用量 \times 稀释倍数$$

若稀释倍数在100倍及以下时，计算稀释剂用量要扣除原药剂所占的份额。公式则为：

$$稀释剂用量 = 原药剂用量 \times 稀释倍数 - 原药剂用量$$

【例3】配制20%三氯杀螨砜可湿性粉剂1 000倍液，问5 kg该药粉需兑水多少？

解：由题意得

$$稀释剂用量 = 5 \times 1\,000 = 5\,000 \text{ (kg)}$$

【例4】配制40%乐果乳油50倍液涂干，问15 kg该乳油需兑水多少千克？

解：由题意得：

$$稀释剂用量 = 150 \times 50 - 15 = 735 \text{ (kg)}$$

【例5】用50%久效磷乳剂配制7.5 kg（一桶喷雾器容量）2 000倍的药液，问需原液多少毫升？

解：

$$原药用量 = \frac{7.5}{2\,000} \approx 3.75 \text{ (mL)}$$

即需原液3.75 mL。

4. 农药的使用方法

由于药剂的加工剂型、防治对象的不同，施用方法也不同，常用的农药使用方法有以下七种。

（1）喷粉法。喷粉法就是利用喷粉器械将粉剂喷洒在植物体上。

（2）喷雾法。喷雾法是目前药剂使用最广泛的方法之一。喷雾就是使用喷雾器械，在一定的压力下将药液分散成细小的雾点，均匀覆盖在植物上。

适于针对性喷雾的剂型有乳油、可湿性粉剂、可溶性剂、胶悬剂等。

（3）放烟法。放烟法是防治森林病虫害的重要手段之一。烟剂用药量少，使用方便，不用加工，不需器械，效果好，适用于交通不便、水源缺乏、林分郁闭度较大的林区。防治时间应在害虫幼龄期、活动盛期、发病初期和孢子扩散期。

（4）土壤处理。在温室和苗圃中，常用药剂施于土壤中来防治土传病害和地下害虫的方法称为土壤处理。

(5) 种子处理。将药粉或药液与种子按一定质量比例混合均匀，使药剂黏附在种子上，用以防治种子带菌或土壤传播的病害，以及地下害虫。其方法简便，用药量少，并能将杀虫剂和杀菌剂混合，兼治病虫。

(6) 熏蒸法。使熏蒸剂在密闭环境下充分挥发成气体来防治病虫的方法，称熏蒸法。林业上常用来消灭种子、苗木、压条、接穗和原木上的病虫。熏蒸必须在密闭的室内或帐幕内进行。熏蒸结束后要及时通风散毒。

熏蒸剂对人、畜有毒，在熏蒸场所周围 30~50 m 内禁止人入内和居住，操作人员要戴合适的防毒面具和橡皮手套。

(7) 涂干法。涂干法就是将内吸性药剂涂在树干上（可刮掉树干老皮露出韧皮部），达到杀灭害虫的目的。常用的是将 40% 乐果乳油（或氧化乐果）兑水 1~10 倍，涂在树干上，被树体直接吸收，可杀死多种害虫。另外，触杀剂也可用于涂干。

5. 常用农药简介

(1) 杀虫剂。目前，林业上常用的杀虫剂主要是有机磷杀虫剂、拟除虫菊酯类杀虫剂和苯甲酰脲类杀虫剂，详细请参见表2—4。

表2—4　　　　　　　　　　林业上常用杀虫剂一览表

名称	常用剂型	毒性	作用方式	防治对象	使用方法	注意事项
敌百虫	90%原粉，80%可溶性粉剂，25%油剂，2.5%、5%粉剂，30%乳剂	低毒	胃毒触杀	对多种鳞翅目幼虫有效，对蝇类特效。还可防治地下害虫	喷雾：90%原粉800~1 000倍液；毒饵：原粉：水：饵料按1：10：100配制，防治地下害虫	对高粱属作物易产生药害，不能与碱性农药混用，现配现用
敌敌畏	50%、40%乳油	中毒	熏蒸触杀胃毒	防治鳞翅目害虫、落叶松花蝇成虫、叶蜂幼虫及蛀干害虫的幼虫	喷雾：80%乳油1 500倍液；灌注：5%敌敌畏煤油塞入虫孔，用泥封口	对高粱、玉米易产生药害，不能与碱性农药混用，现配现用
辛硫磷	50%、40%乳油，5%颗粒剂	低毒	触杀胃毒	对蛴螬及鳞翅目幼虫有特效。适合防治地下害虫	喷雾：50%乳油1 000倍液；撒毒土：5%颗粒剂30 kg/hm²	光照易分解，对铁有腐蚀性，在林木幼苗上慎用
马拉硫磷	45%乳油，25%油低毒剂，70%优质乳油（防虫磷）	低毒	熏蒸触杀	蝗虫、松毛虫、毒蛾、粉蝶、卷蛾、叶蜂的幼虫、小型昆虫	喷雾：45%乳油1 000倍液；超低量喷雾：每公顷用25%油剂2.25~3 L	忌与酸碱性物质混用，注意防火。随配随用。对蜂、鱼、瓢虫高毒

续表

名称	常用剂型	毒性	作用方式	防治对象	使用方法	注意事项
乙酰甲胺磷	30%、40%乳油	低毒	内吸触杀胃毒	蚜虫、螨类、蚧类及大袋蛾等多种咀嚼式和刺吸式口器害虫，还可杀卵	喷雾：用0.1%～0.5%的有效成分	不宜在桑、茶树上使用，不能与碱性农药混合。注意防火
氧化乐果	40%乳油，18%高毒渗乳油	高毒	内吸触杀	蚜虫、螨类、蚧类等	喷雾：用40%乳油500～1 500倍液；刮皮涂药：用40%乳油3～5倍液；打孔注药：用40%乳油5～10倍液	不耐储存，不能库存过久。不能用于蔬菜、茶叶、果树和中药材等
杀螟硫磷	50%乳油，25%油中毒剂	中毒	触杀胃毒有渗透作用	咀嚼式口器害虫和刺吸式口器害虫	喷雾：50%乳油500～1 000倍液；堵虫孔：50%乳油：柴油为1∶20	对蜜蜂、家蚕高毒，不能与碱性农药混用，药效期短
溴氰菊酯	2.5%乳油（敌杀死）	中毒	触杀胃毒拒食	对鳞翅目幼虫（如松毛虫、杨毒蛾）及同翅目害虫有特效，有杀卵作用	喷雾：2.5%乳油4 000～6 000倍液，每公顷有效成分用量56～225 g制成毒绳、毒笔可防松毛虫幼虫	对蜜蜂、鱼类高毒，不能与碱性农药混用，对螨类无效。低温使用增效，高温减效
氰菊酯（速灭杀丁）	20%乳油	中毒	触杀胃毒	鳞翅目、双翅目、半翅目幼虫	喷雾：20%乳油2 000～4 000倍液	对蜜蜂、家蚕高毒，不能与碱性农药混用
灭幼脲	25%悬浮剂	低毒	胃毒	对松毛虫、舞毒蛾、美国白蛾等鳞翅目幼虫高效	喷雾：25%悬浮剂450～600 g/hm²	有沉淀现象，使用时摇匀后加水稀释。迟效型，3～4天见效。不能与碱性物质混用
抗蚜威	50%可湿性粉剂	中毒	触杀熏蒸内渗	对蚜虫有特效	喷雾：每公顷有效成分为75～180 g	残效期短，不伤天敌
杀螟丹	50%可溶性粉剂，2%粉剂	中毒	触杀胃毒内吸拒食	对鳞翅目幼虫及半翅目害虫特别有效，还有杀卵作用	喷雾：50%可溶性粉剂500～1 000倍液；毒饵：2%粉剂加50份麦麸（防治蝼蛄）	对蚕毒性大，对鱼有毒性

(2) 杀菌剂（见表2—5）

表 2—5　　　　　　　　　　　林业上常用杀菌剂一览表

名称	常用剂型	毒性	作用	防治对象	使用方法	注意事项
波尔多液	1%等量式（硫酸铜：生石灰：水为1：1：100）		保护	多种植物病害，但对白粉病、锈病效果差	喷雾：1%等量式，每隔15天喷1次，共1~3次	现配现用，对金属有腐蚀作用。不宜在桃、李、梅、杏、梨、柿子树上使用
石硫合剂	29%水剂，30%固体剂，45%结晶	低毒	杀菌、杀虫、杀螨	防治多种病害，尤其对锈病、白粉病最有效，对蚧类、卵和一些害虫也有较好的防治效果，不能防治霜霉病	喷雾：生长季节0.2~0.5波美度，植物休眠期3~5波美度，南方可用0.8~1波美度	不宜再与其他乳剂混用，气温32℃以上不宜使用。不耐储存
代森铵	65%、80%可湿性粉剂	低毒	保护	防治多种植物病害	喷雾：65%可湿性粉剂200~500倍液，15天喷1次，共2~3次	不能与碱性农药和铜汞制剂混用
敌磺钠（敌克松）	95%、75%可溶性粉剂，50%可湿性粉剂，2.5%粉剂	中毒	保护兼治疗有内吸作用	防治多种病害，如松杉苗的猝倒病等	药土：每公顷75%可溶性粉剂（7）5 kg拌细土300 kg；拌种：100 kg种用95%可溶性粉剂150~360 g防猝倒病，溶解慢	现配现用，避免光照
五氯硝基苯	40%、70%粉剂	低毒	保护	丝核菌引起的立枯病、紫纹羽病、白纹羽病、白绢病	拌种：用种子量的0.3%~0.5%。拌土：40%触粉剂5~6 g/m² 覆盖在已播种子上	药粉不能与幼苗接触
甲基硫菌灵（甲基托布津）	50%、70%可湿性粉剂，36%悬浮剂	低毒	保护治疗	白粉病、炭疽病等多种病害，对霜害病无效	喷雾：70%可湿性粉剂1 000倍液	不能与碱性和无机铜制剂混用
多菌灵	25%、40%、50%、80%可湿性粉剂，40%悬浮剂	低毒	保护治疗	对某些子囊菌和大多数半知菌引起的病害有效	喷雾：1 000~1 500倍液。土壤消毒15 kg/hm²。涂刷树木伤口：25%可湿性粉剂100~500倍液	不能与碱性及铜制剂混用，不宜在一种林木的一个生长季节连续使用
三唑酮（粉锈宁）	15%、20%乳油，25%可湿性粉剂，15%烟剂	低毒	保护治疗	锈病、白粉病等	喷雾：25%可湿性粉剂1 000~1 500倍液	用于拌种时，应严格掌握用量，防止产生药害

续表

名称	常用剂型	毒性	作用	防治对象	使用方法	注意事项
百菌清	75%可湿性粉剂，10%油剂，2.5%烟剂	低毒	保护	防治落叶病、赤枯病、枯梢病等多种病害	喷雾：75%可湿性粉剂500～800倍液，10%油剂超低量喷雾，每公顷3～3.75 L；放烟：2.5%烟剂15 kg/hm²	对鱼类有毒，对果树敏感，对人的皮肤、眼睛有刺激作用
白涂剂	生石灰 5 kg，石硫合剂 0.5 kg，盐 0.5 kg，兽油 0.1 kg，水 20 kg		保护	减轻冻害、日灼而发生的损伤，避免病菌侵入	一般在10月下旬涂刷树干，离地1～2 m高	配制时生石灰要消化透

6. 合理使用农药

使用农药，既要做到用药省，效果好，又要对人、畜安全，不污染环境，不伤天敌，不产生抗性。概括起来应做到以下几点：

（1）对症下药。各种农药都有一定的性能和防治对象，要根据不同的防治对象，选用最有效的农药品种和适宜的剂型，才能收到良好的防治效果，否则会事倍功半。

（2）适时用药。就是要掌握病虫害防治的最佳时间，还要考虑天气条件和寄主不同发育阶段适时用药，才能充分发挥农药的防治效果，而对寄主不产生药害。对害虫来讲，初龄期是最佳的防治期，此时害虫抗药性差，天敌数量也少。对于介壳虫一类，一定要在其形成介壳前喷雾防治。对于病害，应在发病初期或发病前喷药防治。对于有机磷制剂，在温度高时药效好，而对于拟除虫菊酯，在温度低时效果更好。辛硫磷见光易分解，宜在傍晚使用。对于不同的病虫害，必须结合野外调查和预测预报，抓住时机，适时用药。

（3）严格掌握用药量。掌握用药量主要是指准确地控制药液浓度、单位面积用药量和用药次数。否则，超量用药不但会造成浪费，更严重的是会产生药害和发生人畜中毒事故，导致土壤污染。而低于防治需要的用量标准，又达不到防治效果。所以，在使用农药时，必须根据实际情况及防治指标，合理确定经济有效的用量，防治效果一般应达到85%以上。施药次数要根据病、虫、植物的生物学特性和农药的残效期长短，具体问题具体分析，灵活掌握。

（4）合理混用农药，交替用药。合理混用农药不仅能兼治多种病虫，省药省工，而且还可防止害虫产生抗药性。如克螨物与拟除虫菊酯类农药混用，可有效杀灭多种螨类和害虫。值得注意的是，不是所有的农药都可混用的，混用时必须掌握以下原则：第一，多种农药遇碱性物质很快分解失效，所以酸性农药和碱性农药不能混合；第二，有些农药混合后，产生不良的理化反应，而使农药失效，甚至引起药害的，则不能混合；第三，有些农药混用后，对人畜的毒性增高，也不能混合。

另外，为防止病原物、害虫产生抗药性，通常一种农药在一年中使用不应超过两次，而且要与其他农药交替使用。

(5) 安全用药。绝大多数农药都是有毒的化学物质。在施药时，要加强防范，避免人畜中毒事故发生。使用高毒品种时，配药和施药人员必须身体健康，操作时要戴防护眼镜、防毒口罩和乳胶手套，穿长袖衣和长裤，避免药液接触皮肤，如有污染应立即清洗。操作时不准抽烟、喝水或吃东西。如感觉不适，立即停止施药，请医生诊治。工作完毕后应及时清洗防护用品，并清洗手脸和可能会污染的部位。农药要专人保管，用过的药瓶、药箱和工具要妥善处理和销毁。严格贯彻执行国家安全使用农药的有关规定及农药的使用范围、使用的安全间隔期和农药的安全操作等规定。

7. 常用药械的使用与维护

在林间和苗圃使用的药械主要有喷粉机、弥雾喷粉机、超低量喷雾机和喷烟机等，按照使用的动力不同，可分为手动和机动两类；按照操作时机具移动方式的不同，有背负式、担架式、牵引式、悬挂式等多种。在此只介绍林业上运用最普遍的手动背负式喷雾器和背负式机动弥雾喷粉机两种。

(1) 手动背负式喷雾器。手动背负式喷雾器具有结构简单、使用方便、价格低廉等特点，适用于草坪、花卉、小型苗圃等较低矮的植物使用。主要型号有工农－16型（3WB－16型），改进型有3WBS－16、3WB－14、3WBB－16、3WB－10等型号。现以工农－16型喷雾器为例进行介绍。

1) 组成及工作过程。工农－16型喷雾器为手动背负式喷雾器，主要由药液箱、液泵、空气室及喷射部件组成。

工农－16型喷雾器工作时，操作人员用手上下揿动摇杆手柄，活塞杆便带动皮碗活塞在泵筒内做上下往复运动。当活塞杆带动皮碗活塞上行时，皮碗活塞下面的腔体容积增大，形成负压，在压力差的作用下，药箱内的药液经吸液管上升，顶开进液球阀进入泵筒，完成吸液过程。当活塞杆带动皮碗活塞从上向下运动时，泵筒内的药液压增高，将进液球阀关闭，出液球阀被顶开，压力药液经出液球阀进入空气室。空气室内的空气被压缩，形成对药液的压力。当每分钟揿动摇杆18～25次时，药液可达正常工作压力（196～392 kPa），打开开关，药液即经输液管由喷头以雾状喷出，使用喷孔直径1.3 mm的喷孔片时，喷药量为0.6～0.7 L/min。

2) 使用与维护。对于背负式喷雾器，除严格按照产品使用说明书的要求进行使用维护外，还应着重注意以下几点。

①工农－16型喷雾器上的新皮碗在安装前应浸入机油或动物油（忌用植物油）内浸泡24 h。向泵筒中安装活塞杆组件时，应注意将皮碗的一边斜放在泵筒内，然后使之旋转，将活塞杆竖直，在另一只手的帮助下将皮碗边沿压入泵筒内，就可顺利装入，切忌硬行塞入。

②背负作业时，应每分钟揿动摇杆18～25次。操作工农－16型喷雾器时不可过分弯腰，以防药液从桶盖处溢出，溅到人身上。

③加注药液时不允许超过桶壁上所示水位线。如果加注过多，工作中泵筒盖处将出现溢漏现象。空气室中的药液超过安全水平线时，应立即停止打气，以免空气室爆炸。

④所有皮质垫圈储存时应浸足机油，以免干缩硬化。

⑤每天使用结束后，应在喷雾器中加少许清水喷射，并清洗喷雾器各部位，然后将其放到室内通风干燥处。

⑥喷洒除草剂后，必须将喷雾器（包括药液箱、胶管、喷杆、喷头等）彻底清洗干净，以免在下次喷洒其他农药时对植物产生药害。

(2) 背负式机动弥雾喷粉机。背负式机动弥雾喷粉机既可弥雾又可喷雾，把弥雾喷头换成超低量喷头时，还可进行超低量喷雾。个别的机型还配有喷烟或撒颗粒装置，是一种高效率、多用途的药械，适于林木病虫害的防治。这类药械基本型号为3MF－1.6型，改进型有3MF－3型、3MF－4型、3MF－2.3型等。

2.3 森林防火

2.3.1 林火原理

火灾是森林最大的灾害，森林燃烧现象统称为林火。

1. 影响火灾发生的条件

(1) 燃烧三要素。一般火灾的发生必须具备三个条件，即可燃物、空气（氧）和一定温度。森林中所有有机物均属于可燃物，在燃烧过程中，如果空气中氧的含量减少到14%～18%时，燃烧就会停止。

燃烧，除可燃物与空气外，还需要一定的温度。当外界加温，初期温度上升缓慢，大量水汽蒸发，到开始挥发可燃性气体而冒烟时称为引火点，也称着火点。以后，可燃物温度上升加快，并伴有大量可燃性气体挥发，到达着火温度时称为燃点。可燃物要达到这样的温度需要有外界火源，一旦达到燃点以后，就不需要外界火源，依靠自身释放的热量就能继续燃烧。

(2) 森林燃烧环。上面提到的燃烧三要素，即可燃物、氧和一定温度，三者构成了燃烧三角形，缺一不可。然而，它只说明燃烧的一般现象和燃烧的共性，燃烧三要素不能完全解释森林燃烧现象。例如热带雨林，虽然有大量可燃物、火和一定温度（火源）条件，但通常不发生森林火灾。其主要原因是此时森林植物正处于生长旺季，森林植物体内含有大量水分，虽然具备燃烧三要素，但不会发生森林火灾，为此提出用森林燃烧环来说明森林燃烧这一特殊现象。

森林燃烧环是指在同一生态系统内，可燃物类型、火环境、火源条件相同，火行为基本相似的可燃复合体。森林燃烧环与燃烧三角形的不同点是：

1) 可燃烧改为可燃物类型。因为森林燃烧不是一种可燃物的燃烧，而是可燃物复合体的燃烧，可燃物类型指可燃性质相同、同一地理分布区、同一物候生长节律的可燃性复合体。

2）氧改为火环境。森林燃烧受火灾季节、火灾天气与气象要素、地形、土壤、林内小气候和氧气供应等共同作用下的火环境的影响。

3）一定温度改为火源条件。包括火源种类、火灾频度、火源出现的时间。火行为指着火难易程度、火蔓延、能量释放、火强度、火持续时间、火烈度和火灾种类。因而，森林燃烧环把森林燃烧三角形与共同作用下形成的火行为密切联系起来。

可燃物类型是森林燃烧的物质基础，火环境是森林燃烧的重要条件。用火或防火是有条件限制的，只能在安全用火季节才能取得应有效果。火源是森林燃烧的主导因素，特别是在森林防火季节中严格控制火源，已成为防止森林火灾的主导因素。火行为是森林燃烧的重要指标，在扑救森林火灾时，应很好地掌握火行为的特点，采取相应措施，才能有效控制火灾的发展，直到其全部熄灭。

综上所述，森林燃烧环能够充分解释森林燃烧现象，同时，森林燃烧环也可以为森林防火提供实践和理论依据。

2. 火源条件

火源是森林燃烧的三要素之一，也是引起森林火灾的主要原因。当森林存在一定数量的可燃物，并具备引起森林燃烧的火险天气条件时，是否发生森林火灾，关键就取决于有没有火源。引起森林火灾的火源，归纳起来可分为两大类，即天然火源和人为火源。

（1）天然火源。天然火源是一种自然现象引起的火源，如雷击、山火爆发、陨石坠落和泥炭自燃等。这类火源是人们无法控制的自然地理现象。天然火源只占总火源的0.6%。

（2）人为火源。由于人类引起的火源，称为人为火源，这是引起森林火灾的最主要的火源。根据世界各国火源资料统计，人为火源占火源的比例很大，例如，美国占93%，我国占99.4%。人为火源又可分为两类：

1）生产性火源。由于人类生产经营活动而引起的森林火灾。我国许多林区的生产性火源占的比例相当大，一般地区在60%～80%，有的地区在90%以上。

2）非生产性火源。由非生产性引起的火灾。

3. 林火种类

林火通常划分为地表火、树冠火、地下火三种类型。

（1）地表火。最常见的一种林火。火沿林地表面蔓延，根据蔓延速度不同，可分为急进地表火和稳进地表火。

1）急进地表火。这种地表火是在大风或坡度较大情况下形成的。火蔓延速度快，通常可达 5 m/min 以上。这种火往往燃烧均匀，常留下未烧的地块，一般只烧林地的干枯杂草和落叶等，对乔木、灌木为害较轻，火烧迹地呈长椭圆形。

2）稳进地表火。这种地表火一般在风速较小或坡度较缓情况下进行。火蔓延速度慢，通常在 5 m/min 以下，火烧持续时间长，燃烧较彻底，对林木为害较重，火烧迹地为椭圆形。

（2）树冠火。树冠火通常是由地表火遇到强风或特殊地形向上烧至树冠，并沿树冠蔓延和扩展而形成。其破坏性大，不易扑救。根据其蔓延情况又可分为急进树冠火和稳进树冠火两种类型：

1）急进树冠火。这种火是在强风的推进下形成的，又称为狂燃火。火焰在树上跳跃前进，蔓延速度快，顺风可达 8~25 km/h 或更快，形成向前伸展的火舌。

2）稳进树冠火。稳进树冠火又称遍燃火。火的蔓延速度相对较慢，顺风 5~8 km/h，燃烧较彻底，这是为害森林最严重的一种火灾。

（3）地下火。在地表以下蔓延和扩展的火称为地下火。多发生在长期干旱、有腐殖质层或泥炭层的林中。这种火在地表上看不见火焰，只有烟，蔓延速度十分缓慢，温度高，持续时间长，很难扑救，破坏性极强。

2.3.2 林火预防

1. 林火预报

林火预测预报一般可分为三种：即火险天气预报、林火发生预报和林火行为预报。对于火险天气预报，仅预报天气条件能否引起火灾的可能性，它不包括火源在内。林火发生预报是综合考虑天气条件的变化、可燃物干湿程度变化和森林可燃物类型特点及火源出现的危险等来预测火灾发生的可能性，包括雷击和人为火发生的可能性。林火行为预报是预报火灾发生后林火的蔓延速度、能量释放、火强度以及扑火难易程度。林火预报可分为短期预报（2天以内的天气变化）、中期预报（3~10天）和长期（10天以上）火险预测预报。

目前使用的预报方法很多。其中绝大多数是火险天气预报（即利用气象要素间接推算可燃物含水量，估计可燃物的易燃程度，以此判断火险性高低），火险天气预报又大致归纳为两大类：一是利用气象资料，判断火灾危险等级；二是根据植被状况和气象资料综合判断火灾危险等级，例如，双指标法、综合指标法。

2. 林火监测

林火监测的主要目的是为了及时发现火情，是实现"打早，打小，打了"的第一步。

林火监测通常分为4个空间层次，即地面巡护、瞭望台定点观测、空中飞机巡护和卫星监测。

3. 林火阻隔

林火阻隔就是利用林区的公路、防火线、防火林带和河流、湖泊等人为或天然防火障碍阻隔林火的蔓延。

（1）道路。道路（包括公路、铁路及林区非等级公路）既是林火的阻隔带，又是林区的交通线，十分重要。

林区道路建设是一项长远性的预防措施，特别是闭塞林区、老火灾区和边境区，要尽可能与长远开发建设、木材生产相结合进行。有了一定密度的道路网，才能有利于森林防火的机械化和现代化，畅通无阻地及时运送扑火人员和物资到火场。

(2) 防火线。防火线是阻隔林火蔓延的有效措施。目前我国南北方林区开设防火线总长度有几十万千米,对阻隔林火的蔓延起到了很大的作用。防火线的种类和规格有:

1) 国境防火线。在我国国境一侧开设,宽度为 50~100 m,主要控制两国林火的越境蔓延。

2) 铁路防火线。在铁路两侧开设的防火线,宽度为 10~50 m,以防止火车机械火源和人为火源引起林区火灾,也能起到阻隔林火的作用。

3) 林缘防火线。在森林与农地、草原、居民点的交界处开设的防火线,以防止火灾相互蔓延,其宽度应根据当地地形、植被和气候等条件而定。南方一般为 10~15 m,北方一般为 30~100 m。

4) 其他防火线。在储木场、重要设施、仓库周围等开设的防火线,以防止家火与草原火或森林火互相蔓延,宽度为 50~100 m。

(3) 防火林带。防火林带主要利用具有防火能力的乔木或灌木组成的林带来阻隔或抑制林火发生和蔓延。

1) 防火林带规划原则。因地制宜,分类指导,重在实效的原则;因害设防,自然阻隔带和工程阻隔带、生物阻隔带整体优化配置的原则;适地适树的原则;防火功效与多种效益兼顾的原则;培育提高型、改进型与新建型相结合的原则;与林业建设"同步规划,同步设计,同步施工,同步验收"的原则;网络由大到小,先易后难,突出重点,循序渐进的原则。

2) 防火林带的种类和规格。国界防火林带 50~100 m;林缘防火林带 20~30 m;林内防火林带 10~30 m;道路两侧防火林带标准铁路每侧 20~50 m(距中心线);森林铁路每侧 20~30 m(距中心线);林区公路每侧 8~10 m(距中心线)。居民点防火林带(包括林场址、仓库、居民村、野外生产作业点等)30~50 m。

3) 防火林带网络密度。根据自然条件、火险区等级、经营强度和防火要求确定,已开发和有条件的林区网络控制面积一般人工林为 100~200 hm^2,次生林和原始林为 3 000~5 000 hm^2。

4) 林带结构。林带结构应尽量紧凑,既有水平分布,也有垂直分布,最好采用多层次结构,形成大乔木和小乔木与灌木混交的复层林带。

5) 防火林带树种的选择。防火林带的树种必须是抗火性能强、适应本地生长的树种,其条件是:枝叶茂密、含水量大、耐火性强、含油脂少、不易燃烧的;生长迅速、郁闭快、适应性强、萌芽力高的;下层林木潮湿、与上层林木种间关系相互适应的;无病虫害寄生和传播的。南方林区可供选择的树种中,乔木包括木荷、冬青、山白果、火力楠、大叶相思、栓皮栎、交让木、珊瑚树、枫香树、米储、青栲、红楠、红锥、桤木、乌墨、藜索、杨梅、青㭎栎、竹柏等;灌木包括油茶、鸭脚木、柃木、九节木、茶树、红花油茶等。

4. 营林措施

(1) 营造针阔混交林,提高人工林的抗火性。在现实林分中,人工针叶林占的比重相当大，针叶林属易燃林分，火险性大，一旦发生火灾，容易由地表火引发为树冠火，不论从防火、抗灾或地力保持需要出发，均需提倡针阔混交林。从阻火作用分析，由于易燃与难燃阔叶树互相混生隔离，降低了林分燃烧性。从火环境分析，混交林内温度低，湿度大，风速小，降低了森林的燃烧性。

（2）改造利用天然阔叶林。由于长期伐阔栽针，天然阔叶林资源锐减，已引发了一系列生态灾难，加大了森林火险性。因而，保护和改造、利用现有阔叶林为阻火林，从宏观上调节林分结构，不仅是农业生态和森林经营的大事，也是森林保护、森林消防的重要生物措施。

（3）林分改造。林分改造主要是指改造易燃的针叶人工林、疏林地等，这类林分的形成与造林后失管有密切关系。由于造林措施粗放，长期失管，成活率低，保存率低，林地内易燃的阳性杂草滋生，林木生长不良且火险很大，一旦失火，难以控制和扑灭。这种林分类很多，可改造阔叶林为针阔混交复层林；如属中龄林，可先垦覆清理或间伐后，引进速生的阔叶树或林下套种中草药，改变林内环境，提高林分抗火性。

（4）林地套种。一般在人工针叶幼林内套种一些耐阴的、难燃的灌木或农作物，这种林地混农立体经营，既能增加经济收入，又能防止杂草滋生，改变土壤微生物的类群，增强各种微生物的分解能力，改变火环境，是降低林地燃烧性、增强人工林抗火性的重要途径。

（5）利用微生物减少可燃物积累。林内凋落物和枯损木是危险易燃物，如积累过多，一旦发生森林火灾，火强度大，增加难控性，因此，减少林地易燃物积累是一项有效的防火措施。

南方林区利用人工清理或计划火烧方式，费工费力，危险性大，而采用生物措施减少可燃物积累，则是今后的发展方向。生物措施就是在林地上喷一些新的微生物，利用微生物的分解作用，加快凋落物的分解速率，降低森林火险性。

2.3.3 森林火灾扑救

1. 灭火原理和方式

（1）灭火原理。扑救森林火灾的原理概括起来为：隔离可燃物（使可燃物不连续）、隔离空气（使空气中的氧气含量低于能够燃烧的下限）、散热降温（使燃烧外的温度降到燃点以下或使附近燃物的温度达不到燃点）。

（2）灭火基本方式

1）窒息灭火。窒息灭火是隔绝燃烧所需要的氧气，以达到灭火的目的。可采用化学灭火剂，也可采用以土覆盖或扑打的方法，使可燃物与空气隔绝而熄灭林火。此法适用于林火初期，对于大面积火灾，由于需要隔绝空气的空间过大，使用此法就有困难。

2）冷却灭火。采取降温措施，如在可燃物上覆盖湿土或洒水等，使燃烧物的温度低于燃点，达到冷却、降温、灭火的目的。

3) 隔离灭火。使火与可燃物用生土隔离而达到灭火。一种是使燃烧物与未燃烧的可燃物彻底分离，如建立防火线、防火沟、生土隔离带等措施；另一种是增加可燃物的耐火性，喷洒化学灭火剂等，使其成为难燃或不燃物。

2. 扑灭林火的方法

扑灭林火的方法很多，但基本上可归纳为两大类：一类是直接灭火，如扑打法、土灭火法、水灭火法、风力灭火法、化学灭火法等；另一类是间接灭火法，如挖防火沟、开设隔带、以火灭火、爆炸灭火等。

(1) 人工扑打。这是扑灭地表火常用的方法，也是经济而有效的方法。其做法是灭火队可编成3～4人一组，用鲜树枝或手持灭火工具（二号工具、灭火钢刷）不停地轮流打火头，直到控制火势蔓延为止。扑打时应斜向火焰成45°角，轻举重压，边打边扫，就会将火扑灭。但不能直上直下或猛起猛落，以免助长火势或火星向四处飞散，造成新火点。

(2) 用水灭火。能够扑灭地下火、地表火和地冠火，特别是楞场火、未清理的采伐迹地和地被植物茂密、腐殖质层厚的原始林区，非用水灭火不可。

(3) 用土灭火。方法是用锄、锹等工具就近挖松泥土，掀土扔向火焰，直到灭火或燃烧物被完全覆盖。

(4) 风力灭火。用强风将可燃性气体和燃烧释放出来的热量吹走，使温度降到燃点以下，使可燃性气体达不到燃烧浓度。

使用风力灭火机的"四不打"：火焰高度超过2.5 m的火不打；灌木丛高度达1 m以上的火不打；草高超过1.5 m的火不打；迎面火的火焰高度超过1 m的火不打。风力灭火机只适用于扑明火，不能用于灭暗火，否则将越吹越旺。

一台风力灭火机配备机手两人，一人背机，一人背油，轮流操作。使用时须在燃烧范围2 m以内作业，太远则助燃，并掌握好灭火角度，使用最大风速，否则不但不能灭火，反而助燃。风力灭火机连续使用4 h后，要停机5～10 min，凉机降温、加油须远离火点10 m以外。使用风力灭火机灭火应2～3台同时配合，单机使用效果差，且常有危险。

(5) 化学灭火。用化学灭火剂能扑灭强烈的火焰，且不复燃。目前，用于森林消防的化学灭火剂主要是硫酸铵类、磷酸铵类、卤代烃类、膦酸酯类等。我国南方的卤水（主要成分是氯化镁）也是有效的灭火剂。

(6) 航空化学灭火。使用飞机喷洒化学灭火剂灭火。

(7) 机降灭火。使用直升机运送训练有素的森林警察或专业扑火员迅速赶到火场，把林火扑灭在初发阶段，是当前国内外最先进的扑火手段。

(8) 灭火弹灭火。灭火弹是采用钠盐干粉灭火剂制成的。使用方法是：先将防潮湿塑料袋撕破，再把药包开口处用手指按破，剥开火心点火，而后将灭火弹投向燃烧区（投到火头燃烧快到处最佳），3～5 s后灭火弹即爆炸，利用灭火弹爆炸的冲击波将火头祛散，并组织人员将余火扑灭。使用此法灭火时操作人员一定要经过严格的训练，不能让没有经验的人员操作，以免造成危险。

（9）以火灭火。用这种灭火方法时一定要慎重，不要乱用滥用。具体有以下两种方法。

1）火烧法。利用溪流、道路或小路等天然障碍物作为控制线，迎着火头点，使林火逆风蔓延，当两火头相遇时火即熄灭。为了避免火旋风和火爆，通常可采用梯形火烧法、超前火烧法。

2）迎面火法。当隔离带不能阻隔林火蔓延或来不及打较宽大的防火隔离带时，且在火蔓延的前方有居民点、油库、炸药库等，可使用迎面火法。应选择在安全地段，如河流、道路、生土带等控制线，看准风向开始点燃，新火点向火灾方向燃烧，两个火点接近时可形成很大气旋，火势凶猛。但相遇后由于缺氧火传播速度减慢，火就逐渐熄灭，这种方法有一定事实上的危险性，所以必须注意安全。

（10）开设防火线，阻止火灾蔓延。开设防火线阻止火灾蔓延的方法有三种：

1）人工开设阻火隔离带，宽度在 10 m 以上。

2）爆破生土带，等火头接近爆炸带才引爆，借助爆炸气浪（冲击波）和掀起的泥土阻碍火头前进。

3）施用灭火剂打隔离带，必须充分淋透，不能遗漏，以防跑火。

3. 扑火安全措施

扑灭森林火灾是一项抢险救灾工作，由于火场形势千变万化，危险性大，稍有不慎都有可能造成人员伤亡事故。因此，扑火时采取各项扑火安全措施十分重要。

（1）加强对扑火人员的教育。对扑火人员要加强组织领导，扑火队伍要挑选身强力壮的人员组成，不能动员老弱病残、孕妇、儿童参加。扑火人员要遵守纪律，听从指挥，绝对不准擅自离队。

加强技术训练和安全教育。要经常对扑火人员进行技术安全教育，坚持从火尾进入火场，向火翼沿火线扑火作业，直到扑灭火头。

（2）指挥人员应注意事项。指挥人员责任重大，应根据火场情况，调配扑火力量，灵活应用扑火战术，在危险地段应配备有经验人员和足够工具。扑火人员上山时指挥人员要清点人数，讲解安全注意事项；扑火人员下山时，指挥人员也要清点人数，如有丢失，应尽快、尽力寻找。在控制线 1~2 km 以内要布置巡护人员，以发现飞火。使用迎面火和火烧法时，一定要统一指挥，并确认控制线与火场之间没有扑火人员时方可点火。开设防火线时，要选派有经验的伐木工。扑火人员休息时要选择河旁、火烧迹地等安全地带。不要选择在沟塘、塔头甸子、山腰、山凹、风口处休息，以防火灾的突然袭击。

（3）注意人身安全。遵守纪律，服从指挥，乘坐车辆时不要抢上抢下，以防摔伤，过河、过桥时，要防止掉进河里造成伤亡。

扑猛烈荒火时，不能乱打硬拼。扑救林内火灾时，要注意风向和风速的变化，决不迎风对着火头打火；决不从山上向山下打上山火，决不在悬崖陡壁和乱石窖打火；决不在风大火猛以及林火蔓延速度超时 4 000 m/h 时打火。出现这种情况应暂停打火，等风小、火弱时一举扑灭。

扑救地下火时,要严防掉进腐殖质层,以避免烧伤。可用特别标记标明火场边界,以防扑火人员误入。

清理火场时,应先伐倒燃烧着的站杆,以免其突然倒下伤人。

2.3.4 营林安全用火

1. 营林安全用火的目的和意义

营林安全用火的目的是清除可燃物,降低燃烧性,阻隔或减缓火的蔓延。除防火作用外,营林用火还有益于准备造林地,促进森林更新,改善林内卫生状况,控制病害、鼠害及改良牧场等。

2. 营林安全用火的类型

(1) 烧防火线。在铁路和公路两旁、树屯、居民点及临时作业点等周围,点燃一定宽度的隔离带,防止机车爆瓦、清炉、汽车漏火、扔烟头等引起火灾,阻隔火的蔓延。

(2) 烧除沟塘草甸。此类沟塘多为易燃的禾本科和莎草科植物,易发生火灾,是森林火灾的策源地。着火后此类地带火势蔓延速度很快,林区常在低火时期有计划烧除。一方面可清除火灾隐患;另一方面火烧过的草塘可作为良好的防火线,有效地阻隔火灾时火的蔓延。

(3) 烧除采伐剩余物。森林主伐、抚育间伐、清林等都将大量的剩余物堆放或散落在采伐迹地或林内,这些采伐剩余物是森林火灾的隐患,常采用火烧的方法清除。

(4) 林内计划火烧。采用火烧的办法减少林内可燃物积累,不仅能降低森林自身的燃烧性,减少林火发生,而且还能阻隔或延缓林火蔓延。

3. 营林安全用火的技术措施

(1) 安全用火。用火必须严格遵守安全规定,做到"八不烧",即用火未经批准不烧;未修好防火线不烧;人力未组织好不烧;没有有经验的指挥人员在场不烧;没有准备好打火工具不烧;风大不烧;久晴干旱不烧;中午前后太阳大不烧。

(2) 点火技术

1) 顺风火。顺风火的蔓延方向与风向一致,能有效地烧死灌木、林木且能烧掉枯立木。顺风火的适用条件通常为:有防火线、风速小、天气稳定、可燃物载量少、火烧面积大、低挥发性可燃物。

2) 逆风火。逆风火的蔓延方向与风向相反,火蔓延速度缓慢,燃烧彻底。其适用条件为:可燃烧物负荷量大、高挥发性可燃物、天气不稳定、风速大、危险性大、火烧面积小。

3) 带状顺风火。在火烧区下风处,向逆风方向每隔一定距离点火。在平坦林地,火线间距离为 25~30 m;在 5°~30°的坡地,从山顶往山脚方向顺次点火,火线间距离为 20~25 m;在 30°~45°坡地,火线间距离不超过 15 m,点燃沟塘也常采用带状顺风火,火

烧间距可延长 5～10 km。

4）侧风火。在火烧区下风处，逆风且与风向平行点火，使火的蔓延方向与风向成一定角度，常用的 V 字形点烧也属侧风火。侧风火和带状顺风火在计划烧除中较为常用，其适用条件介于侧风火与逆风火之间。

5）中心点火。中心点火也叫点对流火，即在火烧区中心首先点火，当燃烧产生上升的对流柱时，再从其外缘点第二圈、第三圈火。火势向火场中心靠近，向外蔓延缓慢。这种点火方法适用可燃物载量较大的采伐迹地。

6）棋盘式点火。在火烧区内均匀四处点火。这种点火方式适用于天气稳定、风速小且火烧面积大的情况。棋盘式点火多采用飞机点火。

操作技能训练

一、土壤质地测定（手测法）

在土壤适宜的含水量状态下，通过对土壤的捏、搓、弯等操作，判断出土壤质地的类型。

1. 规定用时

30 min。

2. 操作条件

不同质地土壤样品、烧杯、量筒。

3. 操作内容

（1）调节土壤含水量。将土壤水分调节到适宜状态。

（2）手测。手捏土壤并进行搓、弯等操作，观察其变化。

（3）判断出土壤质地类别和名称。

4. 操作要求

采用正确的操作方法手测土壤质地，根据手测结果，判断出土壤质地类别和名称。操作完成，场地清理干净，器具按原样放好。

二、根外追肥

根据肥液浓度计算出肥料的用量，配制成要求的溶液，进行根外追肥的实施。

本训练以配制浓度为 0.2% 的磷酸二氢钾溶液 500 mL 进行叶面喷施为例。

1. 规定用时

30 min。

2. 操作条件

磷酸二氢钾肥料、天平、烧杯、量筒、玻璃棒、喷桶。

3. 操作内容

（1）根据浓度计算肥料用量及称量。

磷酸二氢钾用量＝0.2‰×500＝1 g

正确使用天平，准确称取 1 g 磷酸二氢钾。

（2）肥料溶液的配制。将称取的 1 g 磷酸二氢钾置于烧杯中，加水 100 mL，用玻璃棒搅拌，使肥料完全溶解。将烧杯中的溶液倒入喷桶中，用水清洗烧杯两次，并将洗液倒入喷桶，最后加水至 500 mL，摇匀。

（3）根外追肥的实施。将配制成的溶液均匀喷洒在植物叶片的背面和表面。

4. 操作要求

根据浓度，正确计算肥料用量；正确称取肥料并正确配制肥料溶液；采取正确的方法进行叶面喷施。操作完成后将场地清理干净，器具按原样整理好。

三、病虫害识别

根据病虫害的特征，正确识别以下病害和害虫。

1. 规定用时

30 min。

2. 操作条件

识别用病虫害实物或标本。

3. 操作内容

（1）病害：树木煤污病、大叶黄杨炭疽病、苗木根癌病、苗木猝倒病、苗木茎腐病、樟树炭疽病。

（2）害虫：黄刺蛾、蚜虫、红蜡蚧、朱砂叶螨、星天牛、小地老虎、蛴螬。

4. 操作要求

按序书面回答所提供的病虫害名称。

病虫害的识别

序 号	名 称	序 号	名 称	序 号	名 称
1		3		5	
2		4		得分：	

四、植保喷雾器的使用与维护

1. 规定用时

30 min。

2. 操作条件

手动背负式喷雾器、农药代替品、维修工具。

3. 操作内容

（1）使用。正确使用喷雾器，喷雾雾化均匀、周到。

（2）检修。能查出喷雾器漏气、漏水故障，并进行正确维修。

（3）保养。机件整洁，保养合理。

4. 操作要求

使用方法正确，能查出一般故障并进行正确维修，保养整洁合理，操作熟练、文明安全。

五、灭火器的使用技术

1. 规定用时

30 min。

2. 操作条件

手提贮压式干粉灭火器、干柴等。

3. 操作内容

（1）使用。拔去保险销，喷口对准火源，按下阀门压把。

（2）喷射。顺风喷射，喷射出的干粉迅速扫向火源根部，左右摆动喷射灭火。

4. 操作要求

使用程序和喷射方向正确，迅速、准确灭火。操作规范、文明安全，工完清场。

单元测试题

一、单项选择题（下列每题的选项中，只有1个是正确的，请将其代号填在横线空白处）

1. 下列4种土壤中，_____的通气状况最差。
   A. 沙土　　　B. 壤土　　　C. 黏土　　　D. 粉土

2. 下列4种土壤中，昼夜温差最大的是_____。
   A. 沙土　　　B. 壤土　　　C. 黏土　　　D. 粉土

3. 土壤中大孔隙多，有利于_____。
   A. 保蓄水分　B. 保持养分　C. 通气　　　D. 保温

4. 测得下列4种土壤的pH值，其中属于中性土壤的pH＝_____。
   A. 8.5　　　　B. 7.0　　　　C. 5.5　　　　D. 4.0

5. 在大多数耕作层土壤中，以创造_____结构最为重要。
   A. 柱状　　　B. 片状　　　C. 团粒　　　D. 核状

6. 土壤水分含量少，有利于土壤温度的_____。
   A. 降低　　　B. 升高　　　C. 稳定　　　D. 不变

7. 肥料三要素指的是_____。
   A. 氮、磷、钾　B. 氮、磷、镁　C. 磷、钾、钙　D. 钾、钙、铁

8. 化学肥料与有机肥相比，表现为_____。
   A. 养分全面，但含量低　　　B. 养分单一，含量高，肥效快
   C. 养分全面，含量高，肥效快　D. 成本低，体积大

9. 地球陆地上能够生长植物、收获植物的疏松表层叫_____。

　　　　A. 土壤　　　　B. 母质　　　　C. 石砾　　　　D. 疏松堆积物
10. 下列土壤中通气状况最差的是_____。
　　　　A. 沙土　　　　B. 壤土　　　　C. 黏土　　　　D. 泥炭
11. 下列几种土壤中，保肥性能最强的是_____。
　　　　A. 黏土　　　　B. 沙土　　　　C. 壤土　　　　D. 沙壤土
12. 树木对土壤酸碱性的适应能力有强弱之分，下列中_____属于碱性土树种。
　　　　A. 山茶　　　　B. 柽柳　　　　C. 杜鹃　　　　D. 五针松
13. 施入土壤中的肥料与土壤中某些物质产生化学变化而被固定或保存下来，这种吸收作用称为_____作用。
　　　　A. 机械吸收　　B. 物理吸收　　C. 化学吸收　　D. 生物吸收
14. 通常把_____称为土壤四大肥力因素。
　　　　A. 水、肥、气、热　　　　　　B. 水、温、气、热
　　　　C. 水、肥、温、热　　　　　　D. 温、肥、气、热
15. 田间土壤质地的简易鉴别，可用_____。
　　　　A. 仪器测定法　B. 手测法　　　C. 仪器干测法　D. pH测定法
16. 采用手测法测定土壤质地时，湿时测定不能形成球形，用手握时即散在手中的土壤质地是_____。
　　　　A. 沙土　　　　B. 黏土　　　　C. 壤土　　　　D. 沙壤土
17. _____是一种良好的土壤结构，能协调水、肥、气、热等肥力因素，土壤肥力较高，耕作管理较省力。
　　　　A. 块状结构　　B. 团粒结构　　C. 片状结构　　D. 核状结构
18. 土壤结构体之间及其内部有各种形状不同、大小各异的空间，这个空间称为_____。
　　　　A. 土壤孔隙　　B. 土壤空洞　　C. 土壤粒隙　　D. 土壤间隙
19. 多施有机肥料，土壤会变得_____。
　　　　A. 黏重　　　　B. 疏松　　　　C. 沙性增加　　D. 容重增大
20. 为了提高植物的抗寒越冬能力，应考虑施用_____。
　　　　A. 氮肥　　　　B. 磷肥　　　　C. 磷钾肥　　　D. 微量元素肥料
21. 观花植物在花芽分化时期，应考虑施用_____。
　　　　A. 氮肥　　　　B. 磷肥　　　　C. 钾肥　　　　D. 微量元素肥料
22. 氮肥供应过多，会导致植物_____。
　　　　A. 徒长　　　　B. 停止生长　　C. 提早开花　　D. 开花过多
23. 尿素属酰胺态氮肥，易溶于水，含氮量高，最适宜作_____使用。
　　　　A. 种肥　　　　B. 基肥　　　　C. 根外追肥　　D. 与有机肥料混合
24. 过磷酸钙在土壤中的_____性较小。

A. 稳定　　　　B. 吸附　　　　C. 移动　　　　D. 沉淀
25. _____偏碱性，腐熟较快。
    A. 泥炭肥　　　B. 人粪尿　　　C. 硫铵　　　　D. 硝酸铵
26. 土壤热量的主要来源是_____。
    A. 太阳辐射能　　　　　　　　B. 微生物活动产生
    C. 有机质分解产生　　　　　　D. 地壳内部运动输送
27. 人粪尿与草木灰的混合情况是_____。
    A. 适宜混合　　B. 可以混合　　C. 可以暂时混合　D. 不可混合
28. 土壤有机质在分解过程中会_____养分。
    A. 吸收　　　　B. 储存　　　　C. 消耗　　　　D. 释放
29. 基肥所用的肥料，应选择_____。
    A. 速效化肥为主，配合少量有机肥
    B. 有机肥为主，配合少量速效化肥
    C. 肥效迅速的化肥
    D. 有机肥与化肥各一半
30. 幼树施肥时，采用_____较好。
    A. 环状施肥法　　　　　　　　B. 放射状施肥法
    C. 穴状施肥法　　　　　　　　D. 撒施法
31. 在植物生长期间，为改善土壤供肥状况而施用的肥料，称为_____。
    A. 基肥　　　　B. 追肥　　　　C. 种肥　　　　D. 局部施肥
32. 林木施肥时，应选用_____作追肥施用。
    A. 难溶性肥料　B. 迟效肥料　　C. 速效肥料　　D. 不溶性肥料
33. 种肥施用时，应选择_____。
    A. 半腐熟有机肥料　　　　　　B. 迟效化肥
    C. 难溶性化肥　　　　　　　　D. 高度腐熟有机肥料
34. 高温季节进行根外追肥时，以_____喷施最好。
    A. 晴天中午　　B. 阴天　　　　C. 雨天　　　　D. 太阳出来后
35. 肥料按照施肥的目的和时期可分为_____。
    A. 基肥、穴施、条施、环施　　B. 追肥、撒施、沟施
    C. 全面施肥、局部施肥　　　　D. 基肥、追肥、种肥
36. 在林木追施化肥或液肥时多采用_____。
    A. 环状施肥法　B. 穴状施肥法　C. 放射状施肥法　D. 沟状施肥法
37. _____一般在林木播种育苗前或移栽、种植前施用。
    A. 基肥　　　　B. 追肥　　　　C. 种肥　　　　D. 液肥
38. 成年树或密植树木树冠相接，根系密布，施用基肥时往往采用_____。

A. 穴状施肥法　　B. 环状施肥法　　C. 撒施法　　D. 沟状施肥法

39. 灌溉式施肥，往往在林木施用_____采用。

　　A. 基肥　　　B. 追肥　　　C. 种肥　　　D. 液肥

40. 树木的一般施肥原则是_____。

　　A. 薄肥少施　　B. 浓肥少施　　C. 薄肥勤施　　D. 浓肥勤施

41. _____属于酸性肥料，适宜与有机肥混合施用。

　　A. 尿素　　　B. 硫铵　　　C. 硝酸钾　　　D. 过磷酸钙

42. 下列树种中，属于耐旱树种的是_____。

　　A. 沙枣　　　B. 水松　　　C. 柳树　　　D. 落羽杉

43. 在地下设暗管或用砖石砌沟，借以排除积水的方法，称为_____。

　　A. 明沟排水　　B. 暗管沟排水　　C. 地面排水　　D. 立体排水

44. 森林排水最经济有效的办法是采用_____。

　　A. 明沟排水　　　　　　　　　B. 暗管沟排水
　　C. 地面排水至道路　　　　　　D. 渠道排水

45. 目前_____喷灌系统在我国应用较多。

　　A. 固定式　　B. 移动式　　C. 半固定式　　D. 自走式

46. 林木适宜的灌水量一般以达到土壤最大持水量的_____为准。

　　A. 50%～60%　　B. 60%～80%　　C. 70%～80%　　D. 30%～40%

47. 上海地区梅雨季节一般在_____。

　　A. 5月　　　　　　　　　　　B. 6月中旬～7月上旬
　　C. 6月　　　　　　　　　　　D. 7月

48. 下列树种中，属于湿生树种的是_____。

　　A. 沙棘　　　B. 柳树　　　C. 枫杨　　　D. 白玉兰

49. _____既不耐旱又不耐水湿，对水分条件非常严格。

　　A. 白玉兰、杉木　　　　　　　B. 水松、白玉兰
　　C. 柳树、杉木　　　　　　　　D. 沙枣、白玉兰

50. 林木病害的发生必须具备3个条件，它们是_____。

　　A. 病原、感病植物、适宜的发病条件
　　B. 病原物、感病植物、适宜的发病条件
　　C. 病原、寄主、适宜的发病条件
　　D. 温度、湿度、光照

51. 林木病害的症状可分为病状和病征，下列_____均属于病状。

　　A. 变色、霉状物、坏死　　　　B. 菌脓、腐烂、畸形
　　C. 变色、腐烂、萎蔫　　　　　D. 菌核、腐烂、萎蔫

52. _____等病原物可引起林木发生侵染性病害。

A. 高温、真菌、细菌　　　　　　B. 真菌、细菌、病毒
C. 干旱、真菌、病毒　　　　　　D. 高温、高湿、缺素

53. 林木枝叶上的溃疡属于_____病状类型。
    A. 变色　　　　B. 坏死　　　　C. 畸形　　　　D. 萎蔫

54. 树木按病原的性质不同，可分为_____两大类。
    A. 非侵染性病害、侵染性病害　　B. 非侵染性病害、生理性病害
    C. 传染性病害、侵染性病害　　　D. 寄生性病害、侵染性病害

55. 苗木的非侵染性病害是由_____引起的，不具传染性。
    A. 生物　　　　　　　　　　　　B. 非生物
    C. 寄生性种子植物　　　　　　　D. 真菌

56. 树木侵染性病害的病原称为_____。
    A. 病原物　　　B. 生物　　　　C. 非生物　　　D. 病原专性寄生物

57. 侵染性病害因有害生物能传播扩大，故又称_____。
    A. 非寄生性病害　　　　　　　　B. 生理性病害
    C. 传染性病害　　　　　　　　　D. 非传染性病害

58. 以下_____因素能引起树木发生非传染性病害。
    A. 营养元素缺乏、水分供应失调　B. 高温、病毒
    C. 干旱、真菌　　　　　　　　　D. 水分供应失调、细菌

59. 病害发生速度快、由点到面，有中心病株的病害属于_____。
    A. 生理性病害　B. 侵染性病害　C. 非传染性病害　D. 以上都是

60. 昆虫成虫一般具有_____。
    A. 二对足二对翅　　　　　　　　B. 三对足三对翅
    C. 二对翅三对足　　　　　　　　D. 四对足二对翅

61. 取食林木叶、花、果等器官，造成孔洞、缺刻等为害状的是_____口器的害虫。
    A. 咀嚼式　　　B. 刺吸式　　　C. 虹吸式　　　D. 舐吸式

62. 以植物为食料的害虫是_____害虫。
    A. 单食性　　　B. 植食性　　　C. 肉食性　　　D. 杂食性

63. 大多数蛾类有_____。
    A. 趋温性　　　B. 趋光性　　　C. 趋干性　　　D. 趋化性

64. 主害虫态为幼虫的害虫，化学防治的有利时机应掌握在_____。
    A. 老熟幼虫阶段　　　　　　　　B. 成虫期
    C. 孵化盛期及幼虫低龄阶段　　　D. 若虫期

65. 下列昆虫中_____是刺吸性害虫。
    A. 大襄蛾　　　B. 蚜类　　　　C. 天牛　　　　D. 金龟子

66. 昆虫有不同的虫态，危害植物叶部的主要虫态是_____。

A. 成虫　　　　B. 幼虫　　　　C. 蛹　　　　　D. 卵
67. 昆虫的足共由6节组成，转节与胫节之间，称为_____。
A. 跗节　　　　B. 前跗节　　　C. 基节　　　　D. 腿节
68. 昆虫的趋性类型有很多，下列具有明显趋化性的昆虫是_____。
A. 黄刺蛾　　　B. 尺蛾　　　　C. 蚜虫　　　　D. 小地老虎
69. 触角是昆虫的主要_____器官。
A. 取食　　　　B. 呼吸　　　　C. 感觉　　　　D. 视觉
70. 苗木猝倒病的病原大多是土壤习居菌，所以生产上强调_____防治。
A. 药剂　　　　B. 管理　　　　C. 营林措施　　D. 土壤消毒
71. 红蜡蚧一年一代，上海地区防治上喷施农药的最佳时间是_____月上旬。
A. 5　　　　　 B. 6　　　　　 C. 7　　　　　 D. 8
72. 防治星天牛的最佳时期是在它的_____期。
A. 成虫　　　　B. 初孵幼虫　　C. 蛹　　　　　D. 卵期
73. 苗木茎腐病在_____容易发生。
A. 春季　　　　B. 夏季　　　　C. 秋季　　　　D. 冬季
74. 属于食叶性害虫的是_____。
A. 红蜡蚧　　　B. 云斑天牛　　C. 蜗牛　　　　D. 刺蛾
75. 在植物苗木出土1～2片真叶时开始喷_____，可防治植物黑斑病。
A. 敌敌畏　　　B. 波尔多液　　C. 草甘膦　　　D. 粉锈宁
76. 蛴螬的成虫是_____。
A. 叩头虫　　　B. 步行虫　　　C. 金龟子　　　D. 非洲蝼蛄
77. 苗木根癌病是由_____引起的。
A. 真菌　　　　B. 细菌　　　　C. 病毒　　　　D. 线虫
78. 下列昆虫中，幼虫属于食根性害虫、成虫属食叶性害虫的是_____。
A. 刺蛾　　　　B. 金龟子　　　C. 星天牛　　　D. 大袋蛾
79. 大叶黄杨叶斑病在上海地区一般于7月初发生，_____趋于严重。
A. 7月中旬　　 B. 8—9月　　　C. 9—10月　　 D. 10—11月
80. 蚜虫的危害，除直接刺吸植物汁液外，还会_____。
A. 传播病毒病　B. 引发黑斑病　C. 引发菌核病　D. 传播细菌病
81. 蛴螬是_____的幼虫。
A. 天牛　　　　B. 地老虎　　　C. 金龟子　　　D. 蝉
82. 化学防治蚧虫的有利时机是_____。
A. 卵期　　　　B. 初孵若虫期　C. 二龄若虫期　D. 成虫期
83. 黄刺蛾在上海地区一年发生_____代。
A. 1　　　　　 B. 2　　　　　 C. 3　　　　　 D. 4

84. 下列昆虫中，_____属于食根性害虫。
    A. 刺蛾　　　B. 蛴螬　　　C. 天牛　　　D. 尺蛾
85. 下列昆虫中，_____属于地下害虫。
    A. 刺蛾　　　B. 蚜虫　　　C. 小地老虎　D. 蝗虫
86. 在华东地区刺蛾的生活史一般是_____。
    A. 一年一代　B. 一年两代　C. 两年一代　D. 一年三代
87. 刺蛾幼虫的主要形态体为黄绿色，体背有一块紫褐色大斑，此斑前后宽，中间窄的是_____。
    A. 扁刺蛾　　B. 桑褐刺蛾　C. 黄刺蛾　　D. 丽绿刺蛾
88. 星天牛是以_____在树木的木质部内越冬。
    A. 幼虫　　　B. 幼虫、成虫　C. 蛹　　　D. 卵、幼虫
89. 属于叶部病害的是_____。
    A. 煤污病　　B. 丛枝病　　C. 苗木茎腐病　D. 流胶病
90. 苗木猝倒病的幼苗猝倒型症状一般是在_____表现的。
    A. 幼芽出土前　　　　　　B. 幼苗出土后茎部未木质化时
    C. 幼苗出土后茎部已木质化时　　D. 种子播种时
91. 苗木茎腐病菌喜好高温，生长最适温度为_____。
    A. 30～32℃　B. 25～35℃　C. 28～30℃　D. 30～38℃
92. 杨树黑斑病主要危害杨树的_____。
    A. 叶片　　　B. 枝干　　　C. 根　　　　D. 以上都是
93. 煤污病的发生与_____关系比较密切。
    A. 湿度、害虫　B. 温度、害虫　C. 温度、湿度　D. 光照、温度
94. 大叶黄杨炭疽病是_____性病害。
    A. 真菌　　　B. 细菌　　　C. 病毒　　　D. 非传染
95. 朱砂叶螨在_____条件下发生严重。
    A. 高温高湿　B. 高温干旱　C. 雨天多　　D. 树木组织幼嫩
96. 在苗木进出口过程中，尤其应注意加强_____措施。
    A. 植物检疫　B. 生物防治　C. 化学防治　D. 物理防治
97. _____是防治林木病虫害最基本的防治方法。
    A. 化学防治法　　　　　　B. 林业技术防治法
    C. 物理防治法　　　　　　D. 生物防治法
98. 食物诱杀害虫是利用害虫的_____。
    A. 趋温性　　B. 趋化性　　C. 趋光性　　D. 趋干性
99. 灯光诱杀害虫的方法称为_____。
    A. 捕杀法　　B. 诱杀法　　C. 阻隔法　　D. 驱赶法

100. 选育抗病虫品种属于_____。
    A. 林业技术防治法　　　　　B. 生物防治法
    C. 物理防治法　　　　　　　D. 化学防治法
101. 高温处理法属于_____。
    A. 化学防治法　B. 物理防治法　C. 生物防治法　D. 综合防治法
102. 赤眼蜂是_____的寄生蜂。
    A. 成虫　　　　B. 卵　　　　　C. 幼虫　　　　D. 蛹
103. _____是通过消化系统进入虫体内，使害虫中毒死亡的杀虫剂。
    A. 胃毒剂　　　B. 触杀剂　　　C. 内吸剂　　　D. 熏蒸剂
104. 宜喷雾的农药剂型有_____等。
    A. 粉剂、可湿性粉剂　　　　B. 乳剂、可湿性粉剂
    C. 乳剂、烟剂　　　　　　　D. 可湿性粉剂、缓释剂
105. 下列农药中，既是杀虫剂又是杀菌剂的是_____。
    A. 乙酰甲胺磷　B. 多菌灵　　　C. 石硫合剂　　D. 波尔多液
106. 使用波尔多液时，应注意_____。
    A. 随配随用　　B. 配好后备用　C. 阴雨天使用　D. 雨后使用
107. 拟除虫菊酯类杀虫剂一般具有较强的_____。
    A. 触杀作用　　B. 胃毒作用　　C. 内吸作用　　D. 熏蒸作用
108. 下列农药中，属于内吸杀菌剂的是_____。
    A. 退菌特　　　B. 百菌清　　　C. 波尔多液　　D. 多菌灵
109. 下列药品中，既是杀虫剂又是杀菌剂的是_____。
    A. 甲醛　　　　B. 乙酰甲胺磷　C. 杀灭菊酯　　D. 石硫合剂
110. 下列农药中，_____属于内吸性杀虫剂。
    A. 波尔多液　　B. 三氯杀螨砜　C. 敌百虫　　　D. 乙酰甲胺磷
111. 波尔多液的配制由两种物质混合，它们是_____。
    A. 石灰与泥炭　B. 硫酸与石灰　C. 石灰与硫黄粉　D. 硫酸铜与石灰
112. 把25%亚胺硫磷乳油加水稀释成0.5%防治林木害虫，应稀释_____倍。
    A. 50　　　　　B. 60　　　　　C. 70　　　　　D. 80
113. 要配制托布津1 000倍液200 kg防治林木病害，需用_____kg托布津。
    A. 0.1　　　　 B. 0.2　　　　 C. 0.3　　　　 D. 0.4
114. 将100 mL的80%敌敌畏乳油稀释成0.05%，需加水_____kg。
    A. 140　　　　 B. 150　　　　 C. 160　　　　 D. 170
115. 用50%乐斯本10 mL加水稀释成1 500倍药液，稀释药液质量为_____kg。
    A. 5　　　　　 B. 10　　　　　C. 12　　　　　D. 15
116. _____是森林燃烧的主导因素。

  A. 可燃物类型 B. 火环境 C. 火源条件 D. 气候

117. 引起森林火灾最主要的火源是_____。

  A. 非生产性火源 B. 生产性火源 C. 天然火源 D. 雷电

118. _____是最常见的一种林火。

  A. 地表火 B. 树冠火 C. 地下火 D. 暗火

119. _____在下列树种中的防火功效最为显著。

  A. 油茶   B. 珊瑚树 C. 海桐   D. 黄杨

120. _____仅预报天气条件是否能引起火灾的可能性，它不包括火源在内。

  A. 火险天气预报   B. 林火发生预报

  C. 林火行为预报   D. 森林火情简报

121. 林缘防火线在南方地区开设的宽度一般为_____m。

  A. 5～10 B. 10～15 C. 30～50 D. 50～100

122. 林缘防火林带一般为_____m。

  A. 50～100 B. 20～30 C. 30～50 D. 5～10

123. 营造_____，可提高人工林的抗火性。

  A. 针阔混交林 B. 阔叶林 C. 针叶林 D. 纯林

124. 扑灭森林火灾的原理概括起来为：隔离可燃物、隔离空气和_____。

  A. 散热降温   B. 设置防火林带

  C. 林火阻隔   D. 化学阻隔

125. 人工扑打是扑灭_____常用的方法。

  A. 地下火 B. 树冠火 C. 地表火 D. 暗火

126. 在可燃物上覆盖湿土或洒水等是_____的方式。

  A. 窒息灭火 B. 冷却灭火 C. 隔离灭火 D. 化学灭火

127. 扑灭队伍要挑选_____组成。

  A. 身强力壮人员 B. 男子 C. 18岁以上人员 D. 武警

128. 营林安全用火的类型主要有：烧防火线、烧除沟塘草甸、烧除采伐剩余物和_____。

  A. 林内计划火烧   B. 林缘计划火烧

  C. 林外计划火烧   D. 篝火

129. _____点火技术的适用条件为：有防火线、风速小、天气稳定、可燃物载量少、火烧面积大、低挥发性可燃物。

  A. 逆风火 B. 顺风火 C. 侧风火 D. 篝火

二、判断题（下列判断正确的请在题目后面的括号内打"√"，错误的打"×"）

1. 土壤质地是指土壤中各粒级土粒混合的比例。   （ ）
2. 常年向土壤中施用有机肥料，土壤质地就会改变。   （ ）

3. 沙土的肥水管理，应采取"轻肥勤施"的原则。（   ）
4. 与黏土相比较，沙土的保水、保肥性差。（   ）
5. 热容重大的土壤升温快。（   ）
6. 土壤中空气孔隙越多，则土壤的通气性能越好。（   ）
7. 土壤酸碱性用土壤溶液的 pH 值来表示。（   ）
8. 土壤中掺加泥炭、醋渣、酒糟、绿矾等可提高土壤的酸度。（   ）
9. 在自然状态下，土壤能供给植物吸收、利用的最大有效水含量在凋萎系数至田间持水量之间。（   ）
10. 土壤颗粒越细、小孔隙越多，则土壤排水能力越弱。（   ）
11. 孔隙度大的土壤一定比孔隙度小的土壤疏松。（   ）
12. 杜鹃、马尾松、栀子花等一般在 pH 值小于 6.8 的土壤中生长为宜。因此，土壤 pH 值越小，对它们的生长发育越有利。（   ）
13. 过磷酸钙是中性肥料。（   ）
14. 与黏土相比较，沙土中的有机质分解较快。（   ）
15. 为了满足林木对氮、磷、钾的需要，将草木灰与腐熟的人粪尿混合使用是个很好的办法。（   ）
16. 增施钾肥能使林木茎秆粗壮，提高其抗逆能力。（   ）
17. 多施有机肥，土壤会变得疏松。（   ）
18. 我国土壤 pH 值在地理分布上有"南酸北碱"的规律。（   ）
19. 机械吸收保肥作用是指土壤对分子态的养分吸收保持的性能。（   ）
20. 杜鹃适宜在微酸性的土壤中生长。（   ）
21. 大多数树木喜欢生长在黏性的土壤中。（   ）
22. 大多数树木喜欢生长在 pH 值为 6.8～7.2 的土壤中。（   ）
23. 土壤通气性是指土壤空气与大气之间不断进行气体交换的性能，含水量越多的土壤通气性就越强。（   ）
24. 植物的生命活动所需的水分主要来自土壤。（   ）
25. 每种植物处于不同的生长发育时期，对养分的需要是有差别的。（   ）
26. 过磷酸钙适宜与有机肥料混合使用。（   ）
27. 林地土壤要比盆栽土壤有更丰富的营养成分。（   ）
28. 土温升降快慢的次序为：沙土＞壤土＞黏土。（   ）
29. 氮、磷、钾三种元素，主要是因为树木的需要量较多，所以称为肥料的三要素。（   ）
30. 微量元素肥料，施用总比不施用好，施用多总比施用少好。（   ）
31. 增加土壤有机质的方法之一是多施有机肥料。（   ）
32. 在植物种植前，结合土壤耕作施用的肥料，称为基肥。（   ）

33. 放射状施肥法多用于成年树的施肥。   (   )
34. 在植物生长期间为改善土壤供肥状况而施用的肥料,称为追肥。   (   )
35. 作为追肥的肥料,应选择肥效缓慢而持久的有机肥。   (   )
36. 根外追肥应选择晴朗天气,中午阳光充足时进行。   (   )
37. 种肥施用,一般选择高度腐熟的有机肥料或速效化肥。   (   )
38. 施足基肥,并重视种肥和适时追肥的配合,才能为植物丰产创造良好的营养条件。   (   )
39. 林木幼年树施用基肥时,可采用环状施肥法。   (   )
40. 在林木生长发育期间为调整改善土壤供肥状况增施的肥料,往往采用迟效肥料。
                                                                (   )
41. 根外追肥方法简单易行,用肥量少,发挥作用快,可及时满足树木生长发育的需要,因此,可代替土壤施肥。   (   )
42. 种肥一般在林木播种或定植时施用。   (   )
43. 尿素最适宜作基肥使用。   (   )
44. 根外追肥的浓度要比一般追肥浓度低,以防止烧坏苗木。   (   )
45. 树木的施肥以基肥为主,追肥为辅,基肥、追肥兼顾。   (   )
46. 追肥又称补肥。   (   )
47. 基肥又称底肥。   (   )
48. 柳树是耐旱树种。   (   )
49. 在园内及树旁纵横开浅沟,内外连通,以排积水的方法,称为地面排水。(   )
50. 上海地区造林,由于地下水位高,所以排水比灌溉更重要。   (   )
51. 湿生树种,例如:水松、柳树耐水湿,故养护管理中不需要进行排水工作。
                                                                (   )
52. 目前,上海地区在林地中常用的灌水方式是地下灌水。   (   )
53. 潜水泵使用时要竖直吊起,被抽水的含沙量不得超过0.6%。   (   )
54. 空中灌水我们往往称作喷灌。   (   )
55. 明沟排水是最经济有效的排水方法。   (   )
56. 排水是防涝保树的主要措施。   (   )
57. 上海地区4—6月对树木应加强灌溉工作。   (   )
58. 枫杨是中性树种。   (   )
59. 一般已达花龄的乔木大多应浇水令其渗透到50~80 cm土壤深处。
                                                                (   )
60. 林木地面灌水一般采用漫灌的方式。   (   )
61. 上海地区在7—10月常有高温干旱和秋旱,为安全越冬起见,在此时应注意灌水工作。   (   )

62. 长期使用的水泵应固定在厚木板上。（   ）
63. 滴灌是一种先进的灌溉技术，它省工、省水，可实行水肥结合。（   ）
64. 喷灌系统由喷头、喷灌泵、动力机、喷灌输水管道、喷灌机组成。（   ）
65. 林木病害的发生必定有一定的病理变化过程，该变化过程称为病理程序。（   ）
66. 所有的林木病害都可表现出病征。（   ）
67. 林木由于营养元素缺乏，温度与水分供应失调等不良因素的影响，往往可发生非侵染性病害。（   ）
68. 任何林木病害都能相互传染。（   ）
69. 林木侵染性病害的发生主要是由遭受病原物的侵染引起的。（   ）
70. 我国森林病虫害的防治工作方针是"预防为主，综合治理"。（   ）
71. 非侵染性病害会传染蔓延。（   ）
72. 侵染性病原主要有真菌、细菌、病毒、寄生性种子植物和线虫。（   ）
73. 真菌、细菌、病毒都是病原菌。（   ）
74. 非侵染性病害又称生理性病害。（   ）
75. 菌脓是树木细菌性病害的病征。（   ）
76. 线虫是昆虫。（   ）
77. 从实践意义来讲，全变态害虫的幼虫期是防治的关键时期。（   ）
78. 害虫的一个年生活史，也称一个世代。（   ）
79. 害虫都有四个发育时期，即卵期、幼虫期、蛹期和成虫期。（   ）
80. 昆虫的头部是感觉和取食的中心。（   ）
81. 蚜虫、蚧类及螨类都是刺吸式口器的昆虫。（   ）
82. 赤眼蜂、金小蜂、草蛉等都是天敌昆虫，应加以保护利用。（   ）
83. 昆虫任何一个虫态都具有四翅六足。（   ）
84. 昆虫触角是一对分节的构造，通常由基节、梗节、鞭节三部分组成。（   ）
85. 咀嚼式口器的害虫取食方式，是吸取植物的汁液。（   ）
86. 昆虫的头式分下口式、前口式、后口式三种。（   ）
87. 蝶和蛾类幼虫为害植物，成虫也为害植物。（   ）
88. 刺蛾幼虫是咀嚼式口器，成虫也是咀嚼式口器。（   ）
89. 步行虫是害虫。（   ）
90. 螨类不是昆虫。（   ）
91. 昆虫都具有趋光性。（   ）
92. 蛴螬属鞘翅目，金龟甲科。（   ）
93. 昆虫都有假死性。（   ）
94. 同种昆虫大量个体高密度聚集在一起的现象称为群集性。（   ）

95. 苗木猝倒病仅由侵染性病原所引起。 （　）
96. 杨树黑斑病在湿度适宜、雨水较多的季节发生严重。 （　）
97. 金龟子触角属于鳃叶状。 （　）
98. 苗木根癌病主要发生在林木的枝干部位。 （　）
99. 介壳虫成虫雌性有翅一对，雄性无翅。 （　）
100. 天牛幼虫属无足型。 （　）
101. 天牛幼虫为害植物的树皮。 （　）
102. 在高温、高湿、通风透气差，蚜虫、蚧类等害虫发生严重的情况下可加重林木煤污病的发生。 （　）
103. 高温干旱有利于螨类的发生。 （　）
104. 刺蛾以幼虫在茧内越冬。 （　）
105. 蝼蛄、蛴螬、小地老虎都是以幼虫为害幼苗、幼树根部、幼茎等，造成林木死株缺苗。 （　）
106. 星天牛、樟叶瘤丛螟都是钻蛀性害虫。 （　）
107. 刺蛾在上海地区一般在6—9月发生较严重。 （　）
108. 防治蚜虫、蚧虫、木虱等，可减轻树木煤污病的发生。 （　）
109. 苗木猝倒病又称立枯病，都是由病原真菌引起的。 （　）
110. 苗木茎腐病在上海地区一般在梅雨季节结束后10～15天开始发病。 （　）
111. 苗木根癌病远距离传播的重要途径是带菌的苗木。 （　）
112. 杨树黑斑病在湿度适宜、雨水较多的季节发生、发展较快。 （　）
113. 大叶黄杨炭疽病主要发生在叶片和枝干上。 （　）
114. 采用化学防治法药杀黄刺蛾应掌握在幼虫2～3龄阶段。 （　）
115. 红蜡蚧以若虫和成虫群集枝叶为害，并以蛹在树枝上越冬。 （　）
116. 棉蚜在上海地区每年可发生20多代，以成虫或若虫群集在树木的嫩梢等处咬食为害。 （　）
117. 星天牛在上海地区1年发生1代，以卵在树木的木质部或根内越冬。 （　）
118. 朱砂叶螨又名棉红蜘蛛，在上海地区1年中为害最严重的季节是早春。 （　）
119. 小地老虎1年中以第一代幼虫为害最轻。 （　）
120. 可利用金龟甲的趋光性进行诱杀。 （　）
121. 蚜虫主要分布在热带地区。 （　）
122. 利用害虫的趋性人为设置器械或其他诱物来诱杀害虫的方法称为捕杀法。 （　）
123. 毒饵诱杀小地老虎属生物防治法。 （　）
124. 对危险性病虫杂草进行限制人为传入或传出的防治方法是植物检疫。 （　）

125. 林业技术防治法是最基本的防治病虫害的措施。   （   ）
126. 以虫治虫、以菌治虫均属生物防治法。   （   ）
127. 利用金龟子的假死性采取震落杀死的方法称为捕杀法。   （   ）
128. 瓢虫都是有益的天敌昆虫。   （   ）
129. 物理防治法与其他方法相配合才能取得最佳的防治效果。   （   ）
130. 农药中的粉剂有时可以作为喷雾施用。   （   ）
131. 农药中的油剂不可与水稀释使用。   （   ）
132. 石硫合剂是一种既能防治病害又能杀虫的农药。   （   ）
133. 波尔多液可以同许多农药混合使用。   （   ）
134. 防治病虫害时，施药浓度越浓越好。   （   ）
135. 农药混用应掌握的原则是：酸性农药和碱性农药不得混用；会使农药失效，甚至引起药害的不能混用；对人畜的毒性增高不能混用。   （   ）
136. 引起人体中毒的途径主要是农药通过人的皮肤、呼吸道和消化道引起中毒。
                                                          （   ）
137. 使用农药是防治病毒病的主要方法。   （   ）
138. 防治咀嚼式口器害虫必须用内吸杀虫剂。   （   ）
139. 胃毒剂杀刺吸式害虫，内吸剂杀咀嚼式害虫。   （   ）
140. 喷施农药时，须顺风而喷。   （   ）
141. 任何农药都可进行混合使用，以提高防治效果。   （   ）
142. 喷洒农药时，须逆风而喷。   （   ）
143. 托布津可以喷杀孵化期的介壳虫。   （   ）
144. 粉锈宁主要防治白粉病、锈病，一般可用浓度为 1 500～2 000 倍液，高于 1 500 倍液易受药害。   （   ）
145. 适于针对性喷雾的剂型有乳油、可湿性粉剂等。   （   ）
146. 呋喃丹可施于土壤中来防治蝼蛄、小地老虎、蛴螬。   （   ）
147. 在森林中所有有机物均属于可燃物。   （   ）
148. 热带雨林中，因有大量可燃物、火和一定温度（火源）条件，因此，森林火灾发生的频率较高。   （   ）
149. 人为火源是引起森林火灾最主要的火源。   （   ）
150. 稳进树冠火又称遍燃火，火的蔓延速度相对较慢，因此，其破坏性不大，比较容易扑救。   （   ）
151. 急进地表火一般只烧林地的干枯杂草和落叶等，相对于稳进地表火而言，对林木的为害较轻。   （   ）
152. 林火监测的主要目的是及时发现火情，是实现"打早、打小、打了"的第一步。
                                                          （   ）

153. 林区道路是林区的交通线，同时又是林火的阻隔带。（   ）
154. 居民点防火林带一般设置为 10～30 m。（   ）
155. 防火林带的树种应该选择抗火性能强、适应本地生长的树种。（   ）
156. 窒息灭火的方式适用于林火初期。（   ）
157. 用人工扑打的方法进行灭火时，应猛起猛落，用力扑打。（   ）
158. 用风力灭火机灭火时，必须在燃烧 2 m 以内作业。（   ）
159. 采用以火灭火的方法时，一定要慎重，不要乱用滥用。（   ）
160. 扑救林内火灾时，要迎风对着火头打火。（   ）

三、多项选择题（下列每题的选项中，至少有 2 个是正确的，请将其代号填在横线空白处）

1. 土壤团粒结构是一种良好的土壤结构，它能_____。
   A. 协调水分与空气的矛盾
   B. 协调保肥与供肥性能
   C. 稳定土壤温度，调节土壤冷热状况
   D. 改良耕性，有利于植物根系生长
   E. 提高土壤温度

2. 有机肥有_____特点。
   A. 含有多种养分，养分全面，但含量低
   B. 含有机质较多，有改良土壤的作用
   C. 肥效缓慢，肥力较持久
   D. 有机胶体有很强的保肥力
   E. 来源广泛，价格低廉

3. 林木施肥的基本原则有_____。
   A. 基肥为主，追肥为辅   B. 追肥为主，基肥为辅   C. 基肥、追肥兼施
   D. "看天、看地、看植物"施肥
   E. "看天、看地、看人"施肥

4. 昆虫有_____等主要特征。
   A. 成虫的体躯明显分为头、胸、腹三个体段
   B. 成虫头部有触角、口器和眼
   C. 成虫胸部通常具有三对足，二对翅
   D. 成虫腹部末端有外生殖器等
   E. 胚后发育过程中有变态现象

5. 苗木猝倒病在上海地区 4—6 月发生较严重，它有_____症状类型。
   A. 种芽腐烂型   B. 茎叶腐烂型   C. 幼苗猝倒型
   D. 苗木立枯型   E. 苗木腐烂型

6. 防治蚜虫可采取_____等措施。
   A. 保护利用瓢虫、草蛉等天敌昆虫
   B. 抓住有利时机及时喷施农药
   C. 用20%杀灭菊酯乳剂2 000倍液喷施
   D. 用25%吡虫啉可湿性粉剂5 000倍液喷施
   E. 用50%多菌灵可湿性粉剂1 500倍液喷施

7. 朱砂叶螨的发生有_____等特点。
   A. 发生代数多　　　　　　B. 繁殖力强
   C. 扩散蔓延快（10多代/年）
   D. 为害植物种类多　　　　E. 可传播病毒病及煤污病等

8. 小地老虎的防治方法主要有_____。
   A. 诱杀成虫，可利用其趋光性及趋化性用黑光灯或糖醋液诱杀
   B. 用50%辛硫磷1 500倍液等泼浇根系，200～300 mL/根
   C. 清洁田园　　　　D. 清晨人工捕捉幼虫　　　　E. 中午人工捕捉幼虫

9. 合理使用农药应做到_____。
   A. 对症下药　　　　B. 适时用药　　　　C. 严格掌握用药量
   D. 合理混用农药，交替用药　　　　E. 安全用药

10. 扑灭林火的方法主要有_____。
    A. 扑打法　　　　　　B. 土灭火法
    C. 水灭火法　　　　　D. 风力灭火法、化学灭火法等
    E. 间接灭火法，如挖防火沟、开设隔离带、以火灭火、爆炸灭火等

11. 扑火的安全措施主要有_____。
    A. 加强对扑火人员的教育
    B. 指挥人员应根据火场情况，调配扑火力量，灵活应用扑火战术
    C. 注意人身安全　　　　D. 开设隔离带　　　　E. 挖防火沟

12. 营林安全用火必须严格遵守安全规定，用火时应做到"八不烧"，即_____。
    A. 未经批准不烧、未修好防火线不烧
    B. 人力未组织好不烧、没有有经验的指挥人员在场不烧
    C. 没有准备好打火工具不烧、风大不烧
    D. 久晴干旱不烧　　　　E. 中午前后太阳大不烧

单元测试题答案

一、单项选择题

1. C　2. A　3. C　4. B　5. C　6. B　7. A　8. B　9. A　10. C

11. A	12. B	13. C	14. A	15. B	16. A	17. B	18. A	19. B	20. C
21. B	22. A	23. B	24. C	25. B	26. A	27. D	28. D	29. B	30. A
31. B	32. C	33. D	34. B	35. D	36. B	37. A	38. C	39. B	40. C
41. D	42. A	43. B	44. C	45. A	46. B	47. B	48. B	49. A	50. A
51. C	52. B	53. B	54. A	55. B	56. A	57. C	58. A	59. B	60. C
61. A	62. B	63. B	64. C	65. B	66. B	67. D	68. D	69. C	70. C
71. B	72. B	73. B	74. D	75. B	76. C	77. B	78. B	79. B	80. A
81. C	82. B	83. B	84. B	85. C	86. B	87. C	88. A	89. A	90. B
91. A	92. A	93. A	94. A	95. B	96. A	97. B	98. B	99. B	100. A
101. B	102. B	103. A	104. B	105. C	106. A	107. A	108. D	109. D	110. D
111. D	112. A	113. B	114. C	115. D	116. C	117. B	118. C	119. B	120. A
121. B	122. B	123. A	124. A	125. C	126. B	127. A	128. A	129. B	

二、判断题

1. √	2. ×	3. √	4. √	5. ×	6. √	7. √	8. √	9. √	10. √
11. ×	12. ×	13. ×	14. √	15. ×	16. √	17. √	18. √	19. √	20. √
21. ×	22. √	23. √	24. √	25. √	26. √	27. ×	28. √	29. √	30. ×
31. √	32. √	33. √	34. √	35. √	36. ×	37. √	38. √	39. √	40. ×
41. ×	42. √	43. √	44. √	45. √	46. √	47. √	48. ×	49. √	50. ×
51. ×	52. ×	53. √	54. √	55. √	56. √	57. √	58. √	59. √	60. √
61. √	62. ×	63. √	64. √	65. √	66. ×	67. √	68. ×	69. √	70. √
71. ×	72. √	73. √	74. √	75. √	76. ×	77. √	78. √	79. √	80. √
81. ×	82. √	83. √	84. √	85. √	86. √	87. ×	88. ×	89. ×	90. √
91. ×	92. √	93. √	94. √	95. √	96. √	97. √	98. √	99. √	100. √
101. ×	102. √	103. √	104. √	105. ×	106. ×	107. √	108. √	109. ×	110. √
111. √	112. √	113. √	114. √	115. ×	116. √	117. √	118. √	119. √	120. √
121. ×	122. √	123. √	124. √	125. √	126. ×	127. √	128. √	129. √	130. √
131. √	132. √	133. ×	134. √	135. √	136. √	137. √	138. √	139. √	140. √
141. ×	142. ×	143. ×	144. √	145. √	146. √	147. √	148. ×	149. √	150. ×
151. √	152. √	153. √	154. ×	155. √	156. √	157. ×	158. √	159. √	160. ×

三、多项选择题

1. ABCD　　2. ABCDE　　3. ACD　　4. ABCDE　　5. ABCD　　6. ABCD
7. ABCDE　　8. ABCD　　9. ABCDE　　10. ABCDE　　11. ABC　　12. ABCDE

第 3 单元

林政法规应用

3.1 森林法基础　　　　　　　　　　/131
3.2 森林病虫害防治条例（节选）　　/141
3.3 国家造林技术规程　　　　　　　/143

3.1 森林法基础

3.1.1 森林法概述

1. 森林法的概念

森林法是以保护、培育和合理利用森林资源,加快国土绿化,发挥森林涵养水源、保持水土、调节气候、改善环境和提供林产品的作用,适应社会主义建设和人民生活的需要为目的,调整林业生产和生态环境建设领域内国家机关、企业事业单位、其他组织相互之间以及它们与自然人之间的经济关系的法律规范的总称。

森林法有广义与狭义之分。广义的森林法泛指一切与森林资源有关的规范性文件,包括法律、行政法规、地方性法规、行政规章、自治条例和单行条例等。广义的森林法通常也称为林业法规。狭义的森林法,是指由全国人民代表大会常务委员会通过的《中华人民共和国森林法》。一般情况下所说的森林法,通常是指狭义的森林法。

1984 年 9 月 20 日第六届全国人民代表大会常务委员会第七次会议通过《中华人民共和国森林法》,自 1985 年 1 月 1 日起施行。1998 年 4 月 29 日第九届全国人民代表大会常务委员会第二次会议通过了《关于修改〈中华人民共和国森林法〉的决定》,自 1998 年 7 月 1 日起施行。

森林资源,包括森林、林木、林地以及依托森林、林木、林地生存的野生动物、植物和微生物。森林法中所说的森林是法律意义上的森林,是具有一定面积的林木的总体,包括乔木林、灌木林和竹林。

《中华人民共和国森林法》(以下简称《森林法》)主要调整有关森林资源的经济关系,特别是林业生产和生态环境建设领域内国家机关、企业事业单位、其他组织之间及其与自然人之间所发生的各种经济关系。

《森林法》是由全国人民代表大会常务委员会制定的,属一般法律的范畴,其法律地位在《宪法》之下,在行政法规、地方性法规、行政规章之上。

2. 森林法的适用范围

森林法适用范围是指其效力所及的范围,包括空间效力、对人的效力和时间效力。

(1) 森林法的空间效力。法律的空间效力是指法律在地域上的适用范围,它与国家的领土概念密切相关。《森林法》第二条规定:"在中华人民共和国领域内从事森林、林木的培育种植、采伐利用和森林、林木、林地的经营管理活动,都必须遵守本法。"中华人民共和国领域,是指中华人民共和国境内的全部领土,包括领陆、领水和领空。《森林法》第四十八条规定:"民族自治地方不能全部适用本法规定的,自治机关可以根据本法的原则,结合民族自治地方的特点,制定变通或者补充规定,依照法定程序报省、自治区或者全国人民代表大会常务委员会批准施行。"

(2) 森林法对人的效力。《森林法》是适用于在中华人民共和国领域内一切公民的普通法，具有普遍的约束力。同时，依据我国宪法关于"在中国境内的外国人必须遵守中华人民共和国法律"的规定，在我国境内的外国企业或外国人、无国籍人，除法律另有规定的外，均应适用我国《森林法》。

（3）森林法的时间效力。法律的时间效力，是指法律的生效、失效的时间以及是否具有溯及力的问题。《森林法》第四十九条规定："本法自1985年1月1日起施行。"这就是森林法的生效时间。1998年4月29日第九届全国人民代表大会常务委员会第二次会议通过的《全国人民代表大会常务委员会关于修改〈中华人民共和国森林法〉的决定》自1998年7月1日起施行，这是新增和修改的内容的生效时间。

《森林法》没有具体规定其失效时间。根据我国法律效力原则，现行的《森林法》在国家最高权力机关宣布其失效之前一直有效。

我国《森林法》不具有溯及力。在《森林法》施行以前发生的事件和行为，不适用《森林法》，而应按当时的有关法律规定处理。

3. 森林法的基本原则

（1）稳定森林、林木、林地权属的原则。新中国成立以来我国林业发展的历史说明，林权（即森林、林木、林地的权属）不稳是森林资源遭受严重破坏的一个重要原因。林权问题是关系我国林业是否能够稳定、迅速地发展的一个关键问题。《森林法》关于林权登记发证制度、林木权属制度的规定，都是稳定林权原则的体现。

（2）依靠全体人民办林业的原则。依靠全体人民，实行全社会办林业，是从我国国情、林情出发，走有中国特色林业建设道路的根本选择。《森林法》关于保护林农和承包造林的单位、个人合法权益以及对在植树造林、保护森林、森林管理和林业科学研究方面取得显著成绩的单位、个人给予奖励的规定都体现了这一原则。

（3）以营林为基础、永续利用的原则。在林业生产和生态环境建设的工作中，必须把当前利益和长远利益结合起来，把经济效益和生态效益、社会效益结合起来，克服重采伐轻营林的经营思想，把整个林业工作建立在营林的基础上，使我国林业真正走上永续利用的良性循环的轨道。《森林法》中关于林业建设方针、森林经营管理、植树造林、森林采伐等的规定，都是这一原则的体现。

（4）严格控制森林资源消耗的原则。由于森林资源对于国家建设、人民生活和维护自然生态平衡的重要性，同时森林资源具有生产周期长、破坏容易恢复难的自然特点，加之我国是少林的国家，历史上森林资源破坏严重，所以要改善我国的生态环境并使森林资源能永续利用，一方面要大力造林育林；另一方面，必须严格地控制森林资源的消耗，有效地制止过度采伐和乱砍滥伐的行为。《森林法》关于森林保护的规定，关于限额采伐、凭证采伐制度、用材林消耗量低于生长量的原则以及对不同林种采伐的规定等，都体现了这一原则。

（5）对林业给予经济扶持的原则。建国后很长一段时期，人们"取之于林多、用之于林少"，忽视对林业生产和生态环境建设事业的投入。要真正保护森林资源和发展林业，不能"重取轻予"。国家和各级地方人民政府以及社会的各个方面，对林业给予经济扶持，加大对林业生态环境建设的投入，是十分重要的。《森林法》关于森林生态效益补偿基金和林业基金制度的规定体现了这一原则。

（6）依法从严治林的原则。我国是少林的国家，而且森林资源破坏严重，生态环境脆弱，必须严格保护森林，依法从严治林。依法从严治林，就是在森林的营造、保护，林木的采伐、运输和林地等方面管严、管紧、管到位，并对破坏森林资源和林业生产管理秩序的违法犯罪行为给予坚决的打击，依法追究违法者的法律责任，决不姑息迁就，真正做到"有法可依、有法必依、执法必严、违法必究"。《森林法》关于法律责任的规定体现了这一原则。

（7）保护林农、承包造林者和其他林业生产经营者的合法权益的原则。保护林农的合法权益不受侵犯，是我们党和国家的一贯政策，也是我国法律坚持的原则之一。保护林农和承包造林的集体和个人的合法权益，直接关系到林农和承包造林的集体和个人的生产积极性，而且也关系到保护森林资源及林业生产持续、稳定的发展和国家的长治久安。《森林法》关于禁止向林农违法收费、罚款、摊派和强制集资的规定体现了这一原则。

4. 林业建设方针

《森林法》第五条规定："林业建设实行以营林为基础，普遍护林，大力造林，采育结合，永续利用的方针。"这个方针是我国林业工作几十年的历史经验总结，反映了林业生产的客观规律，揭示了林业建设在造林营林、森林保护、采伐利用、经营管理等方面的关系。

林业建设方针包含培育森林和利用森林两个方面的内容，培育森林的目的是改善生态环境和适应国民经济可持续发展的需要；利用森林则是把人们培育森林的劳动转化为人们所需要的林产品和生态服务。在培育与利用森林的过程中，发挥了森林的生态效益、经济效益和社会效益。培育森林和利用森林之间是互为联系、互为制约、互为依存的关系。

《森林法》规定了我国的林业建设方针，具有重要的意义。它赋予林业建设方针以法律的效力，任何人都不得违反，从而有力地保证了这一方针的贯彻执行；违反林业建设方针行为是违法的行为，各地方、各部门、各单位必须从遵守法律的高度，严格按照方针的要求安排林业工作，从而有利于扭转长期存在的重采伐轻营林的经营思想，使林业工作走上正确的轨道。

3.1.2 违反森林法规的法律责任

1. 违反森林法规法律责任的特点

违反森林法规的法律责任是指自然人、法人或者其他组织，因实施违反《森林法》和其他保护森林法规的行为或者拒不履行森林法规规定的义务按规定应承担的法律后果。违反森林法规的法律责任包括行政责任、民事责任、刑事责任。违反森林法规的法律责任有以下五个特点：

(1)《森林法》作出刑事处罚的规定。《森林法》第三十九条、第四十条、第四十一条、第四十二条、第四十三条、第四十六条分别对严重违反《森林法》的各种行为作出刑事处罚规定,这些规定与《中华人民共和国刑法》(以下简称《刑法》)的有关规定相衔接,便于人们在实际工作中掌握并自觉遵守。

(2) 对破坏森林资源的行为从严惩处。由于对森林资源的破坏不仅会造成物质财富的损失,而且会造成生态环境的破坏,所以,森林法规对破坏森林资源的行为作出从严惩处的规定。

(3) 突出行政处罚。违反森林法规的各种行为的情节轻重、危害后果各不相同,实践中大量发生的是一般违法行为。《森林法》及其实施条例对这些违法行为突出行政处罚,并对某些违法行为作出给予行政处分的规定。

(4) 体现惩罚与教育相结合。森林法规对某些轻微的违法行为,作出包括责令补种树木、责令限期完成造林任务等处罚规定,既达到惩罚违法者的目的,又能起到教育人们造林护林的作用。

(5) 维护林业经营者的权益。森林法规对破坏森林资源、侵害经营者利益的违法行为,作出依法赔偿损失、责令限期恢复原状、责令补种树木等处罚规定,以维护经营林业的单位和个人的合法权益。

2. 违反森林法规的主要行为及处罚

(1) 盗伐森林或者其他林木的行为。盗伐森林或者其他林木的行为,是指行为人以非法占有为目的,违反《森林法》和其他保护森林法规,未取得林木采伐许可证,擅自砍伐国家、集体、他人所有的或者他人承包经营管理的森林或者其他林木,或者擅自砍伐本单位或者本人承包经营管理的森林或者其他林木的行为。虽持有采伐许可证,但在采伐许可证规定的地点以外采伐国家、集体、他人所有或者他人承包经营管理的森林或者其他林木的行为,也属于盗伐林木行为。

1) 对盗伐林木的一般违法行为的行政处罚:

①盗伐森林或者其他林木不足 $0.5 m^3$(以立木蓄积计算,下同)或者幼树不足20株的,依法赔偿损失;由县级以上林业主管部门责令补种盗伐株数10倍的树木,没收盗伐的林木或者变卖所得,并处盗伐林木价值3倍至5倍的罚款。

②盗伐森林或者其他林木 $0.5 m^3$ 以上或者幼树20株以上的,依法赔偿损失;由县级以上林业主管部门责令补种盗伐株数10倍的树木,没收盗伐的林木或者变卖所得,并处盗伐林木价值5倍至10倍的罚款。

违法者拒不补种树木或者补种不符合国家有关规定的,由林业主管部门代为补种,所需费用由违法者支付。

2) 对盗伐林木的犯罪行为的刑事处罚。盗伐森林或者其他林木,情节严重构成犯罪的,依照《中华人民共和国刑法》(以下简称《刑法》)第三百四十五条的规定追究刑事责任。盗伐林木罪侵犯两个客体:一是国家的林木采伐管理制度;二是国家、集体或他人的财产所有权。对盗伐林木犯罪行为的刑事处罚，按情节严重程度分为三档：

①盗伐森林或者其他林木，数量较大的，处3年以下有期徒刑、拘役或者管制，并处或者单处罚金。根据最高人民法院《关于审理破坏森林资源刑事案件具体应用法律若干问题的解释》（以下简称《解释》），"数量较大的"的起点，一般是指盗伐林木2~5 m^3 或幼树100~200株，各省、自治区、直辖市高级人民法院可以根据本地区的实际情况，在这个数量幅度内，确定本地区执行的具体数量标准（下同）。林木数量以立木蓄积计算。"幼树"是指胸径5 cm以下的树木。

②盗伐森林或者其他林木，数量巨大的，处3年以上7年以下有期徒刑，并处罚金。"数量巨大"的起点，一般是指盗伐林木20~50 m^3 或幼树1 000~2 000株。

③盗伐森林或者其他林木，数量特别巨大的，处7年以上有期徒刑，并处罚金。"数量特别巨大"的起点，一般是指盗伐林木100~200 m^3 以上或幼树5 000~10 000株。

将国家、集体、他人所有并已经伐倒的树木窃为己有，以及偷伐他人房前屋后和自留地上林木的，应当以侵犯他人财产所有权论处，构成犯罪的，以盗窃罪处罚。

（2）滥伐森林或者其他林木的行为。滥伐森林或者其他林木的行为，是指行为人违反《森林法》及其他保护森林法规，未经林业主管部门或法律规定的其他主管部门批准并核发采伐许可证，或者虽持有采伐许可证但违反采伐许可证规定的地点、数量、树种、方式采伐本单位所有或者本人所有的森林或者其他林木的行为。

林木权属争议一方在林木权属确权之前，擅自砍伐森林或者其他林木的，按滥伐林木处理。

下列超过木材生产计划采伐森林或者其他林木的情形，按照滥伐林木行为给予处罚：国有企业事业单位和集体所有单位的年木材产量超过采伐许可证规定数量5%的；国有企业事业单位不按批准的采伐设计文件进行采伐作业的面积占批准的作业面积5%以上的；个人违反采伐许可证规定的采伐数量、地点、方式、树种，采伐的林木超过0.5 m^3 的。

1）对滥伐林木的一般违法行为的行政处罚。滥伐森林或者其他林木不足2 m^3 或者幼树不足50株的，由县级以上林业主管部门责令补种滥伐株数5倍的树木，并处滥伐林木价值2倍至3倍的罚款；滥伐森林或者其他林木2 m^3 以上或者幼树50株以上的，由县级以上林业主管部门责令补种滥伐株数5倍的树木，并处滥伐林木价值3倍至5倍的罚款。

2）对滥伐林木的犯罪行为的刑事处罚。滥伐森林或者其他林木，情节严重构成犯罪的，依照《刑法》第三百四十五条追究刑事责任。滥伐林木罪侵犯的客体是国家的林木采伐管理制度。对滥伐林木犯罪行为的刑事处罚，按情节严重程度分为两档：

①滥伐森林或者其他林木，数量较大的，处3年以下有期徒刑、拘役或者管制，并处或者单处罚金。"数量较大"的起点，一般是指滥伐林木10~20 m^3 或幼树500~1 000株。

②滥伐森林或者其他林木，数量巨大的，处3年以上7年以下有期徒刑，并处罚金。滥伐林木"数量巨大"，以50~100 m^3 或者幼树2 500~5 000株为起点。

对于一年内多次盗伐、滥伐少量林木未经处罚的，累计其盗伐、滥伐林木的数量，构成犯罪的，依法追究刑事责任。

盗伐、滥伐以生产竹材为主要目的的竹林的定罪量刑标准，由省、自治区、直辖市高级人民法院参照有关规定的精神，规定本地区的具体标准。

(3) 非法采伐、毁坏珍贵树木的行为。珍贵树木是我国森林资源中的宝贵财富，也是自然环境的重要组成部分。国家历来强调依法保护珍贵植物。非法采伐、毁坏珍贵树木的行为，是指行为人未按规定程序申请办理采伐（集）证，而采伐或毁坏国家重点保护的珍贵树木的行为。其中，"毁坏珍贵树木"是指行为人违反保护森林法规的规定，采用剥皮、砍枝、取脂等方式造成珍贵树木死亡或者影响其正常生长的行为。《森林法》第四十条规定："违反本法规定，非法采伐、毁坏珍贵树木的，依法追究刑事责任。"按本条规定，只要是非法采伐、毁坏珍贵树木的，就是一种犯罪行为，应当追究行为人的刑事责任。这里所说的"珍贵树木"，包括由省级以上林业主管部门或者其他部门确定的具有重大历史纪念意义、科学研究价值或者年代久远的古树名木，国家禁止、限制出口的珍贵树木以及列入国家重点保护野生植物名录的树木。依照《刑法》第三百四十四条的规定，非法采伐、毁坏珍贵树木的，处 3 年以下有期徒刑、拘役或者管制，并处罚金；情节严重的，处 3 年以上 7 年以下有期徒刑，并处罚金。"情节严重"是指：非法采伐珍贵树木 2 株以上或者毁坏珍贵树木致使珍贵树木死亡 3 株以上的；非法采伐珍贵树木 2 m^3 以上的；为首组织、策划、指挥非法采伐或者毁坏珍贵树木的以及其他情节严重的情形。另外，依照《刑法》第三百四十六条的规定，单位犯非法采伐、毁坏珍贵树木罪的，对单位判处罚金，并对其直接负责的主管人员和其他直接责任人员，依照《刑法》第三百四十四条的规定处罚。

(4) 违反规定发放林木采伐许可证、木材运输证件、批准出口文件、允许进出口证明书的行为。《森林法》第四十一条规定："违反本法规定，超过批准的年采伐限额发放林木采伐许可证或者超越职权发放林木采伐许可证、木材运输证件、批准出口文件、允许进出口证明书的，由上一级人民政府林业主管部门责令纠正，对直接负责的主管人员和其他直接责任人员依法给予行政处分；由省人民政府林业主管部门未予纠正的，国务院林业主管部门可以直接处理；构成犯罪的，依法追究刑事责任。"

超限额或者超越职权发放证件、文件的行为主要有两种情况：一是超过批准的年采伐限额发放林木采伐许可证，二是超越职权发放林木采伐许可证、木材运输证件、批准出口文件、允许进出口证明书。这种行为具有以下特征：行为人必须是林业行政机关工作人员或者依照法律从事公务的人员；行为人是明知违反规定发放证件、文件的行为会造成森林资源破坏的结果而故意发放的。

超限额或者超越职权发放证件、文件的行为，如果情节严重，致使森林遭受严重破坏的，依照《刑法》第四百零七条的规定，处 3 年以下有期徒刑或者拘役。"情节严重"是指：发放林木采伐许可证允许采伐数量累计超过批准的年采伐限额，导致林木被采伐数量在 10 m^3 以上的；滥发林木采伐许可证，导致林木被滥伐 20 m^3 以上或者珍贵树木被滥伐的；批准采伐国家禁止采伐的林木，情节恶劣的以及其他情节严重的情形。

由于一些地方存在着地方保护主义现象，对超过批准的年采伐限额或者超越职权发放林木采伐许可证、木材运输证件等行为处罚不力，《森林法》明确规定，如果有关人民政府林业主管部门对这些行为未予纠正的，可以由国务院林业主管部门直接处理，予以纠正。

（5）买卖、伪造林木采伐许可证、木材运输证件、批准出口文件、允许进出口证明书的行为

1）买卖林木采伐许可证、木材运输证件、批准出口文件、允许进出口证明书的行为，是指行为人以营利为目的，非法买卖上述证件、文件的行为。这种行为包括两种情况：一种是行为人为牟取非法利益而擅自出卖上述证件、文件的行为；另一种是行为人为牟取非法利益，明知上述证件、文件是禁止流通的，而故意购买上述证件、文件的行为。根据《森林法》第四十二条的规定，对买卖林木采伐许可证、木材运输证件、批准出口文件、允许进出口证明书的行为，林业主管部门可以对卖方、买方分别给予以下处罚：没收违法买卖的证件、文件和违法所得，并处违法买卖证件、文件价款1倍以上3倍以下罚款。情节严重，构成犯罪的，依法追究刑事责任。

2）伪造林木采伐许可证、木材运输证件、批准出口文件、允许进出口证明书的，依法追究刑事责任。这种行为构成《刑法》规定的妨害国家机关公文、证件、印章罪。根据《刑法》的规定，构成该罪是指无制作权的人以冒用方式非法制作上述证件、文件，或者采用涂改、擦消、拼接等方式对上述证件、文件进行改制，变更其真实内容的行为。行为人一经实施上述行为，即构成犯罪，应依法追究刑事责任。

根据最高人民法院的《解释》，对于伪造、变造、买卖林木采伐许可证，木材运输证件，森林、林木、林地权属证书，占用或者征用林地审核同意书，育林基金等缴费收据以及其他国家机关批准的林业证件构成犯罪的，依照《刑法》第二百八十条第一款的规定，以伪造、变造、买卖国家机关公文、证件罪定罪处罚。根据犯罪情节轻重，可实施两档处罚：一般情节的，处3年以下有期徒刑、拘役、管制或者剥夺政治权利；情节严重的，处3年以上10年以下有期徒刑。

对于买卖允许进出口证明书等经营许可证，同时触犯《刑法》第二百二十五条、第二百八十条规定之罪的，依照处罚较重的规定定罪处罚。

（6）在林区非法收购明知是盗伐、滥伐的林木的行为。根据《森林法》及国家有关规定，盗伐的林木应当予以没收，滥伐的林木应按国家有关规定处理，是不允许任何单位和个人收购的。如果对收购盗伐、滥伐林木的行为不予禁止，必然会引发盗伐、滥伐森林和林木的行为，造成森林资源的破坏。另外，根据有关规定，在林区也不允许随意收购木材，必须是经过有关林业主管部门批准的单位才能到林区直接收购木材。

《森林法》第四十三条规定了对非法收购明知是盗伐、滥伐的林木行为的处罚。"非法收购"是指按照国家有关规定，不具有在林区收购林木资格的单位和个人在林区收购木材；或者虽然具有在林区收购木材资格的单位，收购明知是盗伐、滥伐的林木的行为。如

何认定"非法收购明知是盗伐、滥伐的林木",关键是如何认定行为人处在"明知"的状态。这里所指的"明知",是指知道或者应当知道。具有以下情形之一的,可以视为应当知道:在非法的木材交易场所或者销售单位收购木材的;收购以明显低于市场价格出售的木材的;收购违反规定出售的木材的。

在林区非法收购明知是盗伐、滥伐的林木情节轻微的,由林业主管部门责令停止违法收购林木的行为,没收违法收购的盗伐、滥伐的林木或者变卖所得,可以并处违法收购林木价款1倍以上3倍以下的罚款;情节严重构成犯罪的,依照《刑法》第三百四十五条第三款的规定,处3年以下有期徒刑、拘役或者管制,并处或者单处罚金。"情节严重"是指:非法收购盗伐、滥伐的林木20 m^3 以上或者幼树1 000株以上的;非法收购盗伐、滥伐的珍贵树木2 m^3 以上或者5株以上的以及其他情节严重的情形。情节特别严重的,处3年以上7年以下有期徒刑,并处罚金。"情节特别严重"是指:非法收购盗伐、滥伐的林木100 m^3 以上或者幼树5 000株以上的;非法收购盗伐、滥伐的珍贵树木5 m^3 以上或者10株以上的以及其他情节特别严重的情形。罪名为非法收购盗伐、滥伐林木罪。

(7)毁林开垦和毁林采石、采沙、采土及其他毁林行为。《森林法》第二十三条规定:"禁止毁林开垦和毁林采石、采沙、采土及其他毁林行为。禁止在幼林地和特种用途林内砍柴、放牧。"在实际中,未经林业主管部门批准,非法进行开垦、采石、采沙、采土、采种、采脂等活动,毁坏森林、林木的现象比较普遍,对森林资源的危害较大。《森林法》及其实施条例规定了对这类以非采伐方式毁林行为的处罚。

1)违反规定进行开垦、采石、采沙、采土、采种,致使森林、林木受到毁坏的,或者违反操作技术规程采脂、挖笋、掘根、剥树皮及过度修枝,致使森林、林木受到毁坏的,要依法赔偿损失;由林业主管部门责令停止违法行为,补种毁坏株数1倍以上3倍以下的树木,可以处毁坏林木价值1倍以上5倍以下的罚款。

最高人民法院的《解释》规定,非法实施采种、采脂、挖笋、掘根、剥树皮等行为,牟取经济利益数额较大的,依照《刑法》第二百六十四条的规定,以盗窃罪定罪处罚。同时构成其他犯罪的,依照处罚较重的规定定罪处罚。

2)违反规定在幼林地和特种用途林内砍柴、放牧,致使森林、林木受到毁坏的,要依法赔偿损失;由林业主管部门责令停止违法行为,补种毁坏株数1倍以上3倍以下的树木。

对于被责令补种树木的,行为人拒不补种或者补种不符合国家有关规定的,由林业主管部门代为补种,所需费用由违法者支付。

3)违反规定擅自开垦林地,对森林、林木未造成毁坏或者被开垦的林地上没有林木的,由县级以上林业主管部门责令停止违法行为,限期恢复原状,可以处非法开垦林地每平方米10元以下的罚款。

(8)未按规定完成更新造林任务的行为。更新造林是《森林法》规定的已经采伐林木的单位和个人的一项法律义务,任何采伐林木的单位和个人都必须按规定完成更新造林任务。对没有按照规定完成更新造林任务的,《森林法》及其实施条例作了以下处罚规定：

1）采伐林木的单位或者个人没有按照规定完成更新造林任务，情节较轻的，发放采伐许可证的部门有权不再发给采伐许可证，直到完成更新造林任务为止。"没有按照规定完成更新造林任务"，是指依法取得林木采伐许可证并完成了采伐作业的单位和个人，未按规定的期限、面积、株数、树种等完成更新造林任务的行为。行为人可以是单位，也可以是公民个人。这种行为以"不作为"的方式表现，在主观上是故意的。

2）采伐林木的单位或者个人没有按照规定完成更新造林任务，有下列情形之一的，由县级以上林业主管部门责令限期完成造林任务；逾期未完成的，可以处应完成而未完成造林任务所需费用2倍以下的罚款；对直接负责的主管人员和其他直接责任人员，依法给予行政处分：连续两年未完成更新造林任务的；当年更新造林面积未达到应更新造林面积50%的；除国家特别规定的干旱、半干旱地区外，更新造林当年成活率未达到85%的；植树造林责任单位未按照所在地县级人民政府的要求按时完成造林任务的。

（9）未经批准擅自在林区经营、加工木材的行为。《中华人民共和国森林法实施条例》（以下简称《森林法实施条例》）第四十条规定，对未经县级以上林业主管部门批准，擅自在林区经营（含加工）木材的单位或者个人，由县级以上林业主管部门没收非法经营的木材和违法所得，并处违法所得2倍以下的罚款。这里所称的"木材"，是指原木、锯材、竹材、木片和省、自治区、直辖市规定的其他木材。

（10）违反规定擅自改变林地用途的行为。近几年，一些地方乱占林地、擅自改变林地用途的情况非常严重，不但给林业生产带来了很大的经济损失，而且造成大面积的水土流失。为了制止乱占林地、擅自改变林地用途的违法行为，《森林法实施条例》第四十三条规定：未经县级以上人民政府林业主管部门审核同意，擅自改变林地用途的，由县级以上林业主管部门责令限期恢复原状，并处非法改变用途林地每平方米10元至30元的罚款。根据第九届全国人民代表大会常务委员会第二十二次会议通过的中华人民共和国刑法修正案（二）和《全国人民代表大会常务委员会关于〈中华人民共和国刑法〉第二百二十八条、第三百四十二条、第四百一十条的解释》的规定，非法占用林地，改变被占用林地用途，数量较大，造成林地大量毁坏的，处5年以下有期徒刑或者拘役，并处或者单处罚金；违反森林法规非法批准占用、征用林地，情节严重的，处3年以下有期徒刑或者拘役；致使国家或者集体利益遭受特别重大损失的，处3年以上7年以下有期徒刑。

"未经县级以上人民政府林业主管部门审核同意"包括两种情况：一是用地单位依照法定程序向县级以上林业主管部门提出改变林地的用途的申请（含占用、征用林地的申请，下同），经审核，林业主管部门未予同意的；二是用地单位没有依照法定程序向县级以上林业主管部门提出改变林地用途的申请后擅自占用林地并改变被占用林地用途的。"责令限期恢复原状"，是指在规定的期限内将擅自改变用途的林地恢复到擅自改变用途前林地的状况。"违反森林法规非法批准占用、征用林地"含违反森林法规关于占用、征用林地审核管理的规定非法批准占用、征用林地的行为。

(11) 非法运输木材的行为。非法运输木材的行为是指行为人违反《森林法》及其他保护森林法规的规定,未取得木材运输证件或者未按木材运输证件的内容运输木材的行为。非法运输木材的方式主要有无证运输、超量或超范围运输、假证运输等。《森林法实施条例》对非法运输木材行为作出以下处罚规定:

1) 无木材运输证运输木材的,由县级以上林业主管部门没收非法运输的木材,对货主可以并处非法运输木材价款30%以下的罚款。

2) 运输的木材数量超出木材运输证所准运的运输数量的,由县级以上林业主管部门没收超出部分的木材;运输的木材树种、材种、规格与木材运输证规定不符又无正当理由的,没收其不相符部分的木材。

3) 使用伪造、涂改的木材运输证运输木材的,由县级以上林业主管部门没收非法运输的木材,并处没收木材价款10%~50%的罚款。

4) 承运无木材运输证的木材的,由县级以上林业主管部门没收运费,并处运费1倍至3倍的罚款。

(12) 擅自移动或者毁坏林业服务标志的行为。林业服务标志在保护森林资源和保障林业生产安全等方面发挥着重要的作用。《森林法实施条例》规定,擅自移动或者毁坏林业服务标志的,由县级以上林业主管部门责令限期恢复原状;逾期不恢复原状的,由县级以上林业主管部门代为恢复,所需费用由违法者支付。

(13) 未经批准擅自将防护林和特种用途林改变为其他林种的行为。一些地方受经济利益的驱动,未经批准,擅自将防护林和特种用途林改变为其他林种,任意砍伐,造成破坏。"擅自将防护林和特种用途林改变为其他林种"是指将防护林或者特种用途林改变为经济林、用材林、薪炭林的行为。如果将防护林改变为特种用途林或者将特种用途林改变为防护林则不属于这种情况。为了重点保护防护林和特种用途林,《森林法实施条例》规定,未经批准,擅自将防护林和特种用途林改变为其他林种的,由县级以上林业主管部门收回经营者所获取的森林生态效益补偿,并处所获取森林生态效益补偿3倍以下的罚款。

(14) 从事森林资源保护、林业监督管理的国家机关工作人员的渎职行为。根据实践中出现的一些林业主管部门工作人员和其他国家机关工作人员在涉及林业管理方面滥用职权、玩忽职守、徇私舞弊,给森林资源造成破坏和给国家造成重大损失的实际情况,《森林法》作出了对从事森林资源保护、林业监督管理的国家机关工作人员滥用职权、玩忽职守、徇私舞弊行为给予处罚的规定。根据《森林法》和《刑法》的有关规定,对这类行为视情节轻重,分别给予以下刑事处罚或者行政处分:

1) 从事森林资源保护、林业监督管理工作的林业主管部门的工作人员和其他国家机关的有关工作人员滥用职权或者玩忽职守,致使公共财产、国家和人民利益遭受重大损失而构成犯罪的,处3年以下有期徒刑或者拘役;情节特别严重的,处3年以上7年以下有期徒刑。

2) 从事森林资源保护、林业监督管理工作的林业主管部门的工作人员和其他国家机关的有关工作人员徇私舞弊，致使公共财产、国家和人民利益遭受重大损失而构成犯罪的，处5年以下有期徒刑或者拘役；情节特别严重的，处5年以上10年以下有期徒刑。

3）从事森林资源保护、林业监督管理工作的林业主管部门的工作人员和其他国家机关的有关工作人员滥用职权、玩忽职守、徇私舞弊，情节轻微，尚不构成犯罪的，依法给予行政处分。

以上所说的"林业主管部门的工作人员"是指林业主管部门内部的行政管理人员和依法履行林业主管部门管理职能的人员，如林业主管部门内部从事森林公安、林政管理、野生动植物保护、森林防火、森林病虫害防治、植物检疫、种苗管理、自然保护区管理等工作的人员。"其他国家机关的有关工作人员"是指人民政府的工作人员或者依照法律规定履行职务涉及林业管理工作的人员，如人民政府中从事涉及林业管理的领导人员、海关、工商等部门的工作人员等。

"玩忽职守"是指从事森林保护、林业监督管理工作的林业主管部门工作人员和其他国家机关的有关工作人员对工作严重不负责，致使森林资源遭受损失的行为，包括两种情形：一是放弃职守，不履行应当履行的职责；二是在履行职责的过程中严重不负责任。构成玩忽职守罪的行为人应当预见自己的行为可能发生危害社会的结果，因为疏忽大意而没有预见，或者已经预见而轻信能够避免，以致发生危害结果。"滥用职权"是指从事森林资源保护、林业监督管理工作的林业主管部门的工作人员和其他国家机关的有关工作人员超越法律、法规赋予的职权，擅自决定或者处理其无权决定、处理的事项。"徇私舞弊"是指从事森林资源保护、林业监督管理工作的林业主管部门的工作人员和其他国家机关的有关工作人员在行使职权时，以权谋私，假公济私，使公共财产、国家和人民利益遭受损失的行为。

3.2 森林病虫害防治条例（节选）

3.2.1 森林病虫害的预防

第七条 森林经营单位和个人在森林的经营活动中应当遵守下列规定：

（一）植树造林应当造地适树，提倡营造混交林，合理搭配树种，依照国家规定选用林木良种；造林设计方案必须有森林病虫害防治措施。

（二）禁止使用带有危险性病虫害的林木种苗进行育苗或者造林。

（三）对幼龄林和中龄林应当及时进行抚育管理，清除已经感染病虫害的林木。

（四）有计划地实行封山育林，改变纯林生态环境。

（五）及时清理火烧迹地，伐除受害严重的过火林木。

（六）采伐后的林木应当及时运出伐区并清理现场。

第八条 各级人民政府林业主管部门应当有计划地组织建立无检疫对象的林木种苗基地。各级森林病虫害防治机构应当依法对林木种苗的木材、竹材进行产地和调运检疫；发现新传入的危险性病虫害，应当及时采取严密封锁、扑灭措施，不得将危险性病虫害传出。

各口岸动植物检疫机构，应当按照国家有关进出境动植物检疫的法律规定，加强进境林木种苗的木材、竹材的检疫工作，防止境外森林病虫害传入。

第九条　各级人民政府林业主管部门应当组织和监督森林经营单位和个人，采取有效措施，保护好林内各种有益生物，并有计划地进行繁殖和培养，发挥生物防治作用。

第十条　国务院林业主管部门和省、自治区、直辖市人民政府林业主管部门的森林病虫害防治机构，应当综合分析各地测报数据，定期分别发布全国和本行政区域的森林病虫害中、长期趋势预报，并提出防治方案。

县、市、自治州人民政府林业主管部门或者其所属的森林病虫害防治机构，应当综合分析基层单位测报数据，发布当地森林病虫害短、中期预报，并提出防治方案。

全民所有的森林和林木，由国营林业局、国营林场或者其他经营单位组织森林病虫害情况调查。

集体和个人所有的森林和林木，由区、乡林业工作站或者县森林病虫害防治机构组织森林病虫害情况调查。

各调查单位应当按照规定向上一级林业主管部门或者其森林病虫害防治机构报告森林病虫害的调查情况。

第十一条　国务院林业主管部门负责制定主要森林病虫害的测报对象及测报办法；省、自治区、直辖市人民政府林业主管部门可以根据本行政区域的情况作出补充规定，并报国务院林业主管部门备案。

国务院林业主管部门和省、自治区、直辖市人民政府林业主管部门的森林病虫害防治机构可以在不同地区根据实际需要建立中心测报点，对测报对象进行调查与监测。

第十二条　地方各级人民政府林业主管部门应当对经常发生森林病虫害的地区，实施以营林措施为主，生物、化学和物理防治相结合的综合治理措施，逐步改变森林生态环境，提高森林抗御自然灾害的能力。

第十三条　各级人民政府林业主管部门可以根据森林病虫害防治的实际需要，建设下列设施：

（一）药剂、器械及其储备仓库；

（二）临时简易机场；

（三）测报试验室、检疫检验室、检疫隔离试种苗圃；

（四）林木种苗及木材熏蒸除害设施。

3.2.2　森林病虫害的除治

第十四条　发现严重森林病虫害的单位和个人，应当及时向当地人民政府或者林业主管部门报告。

当地人民政府或者林业主管部门接到报告后,应当及时组织除治,同时报告所在省、自治区、直辖市人民政府林业主管部门。

发生大面积暴发性或者危险性森林病虫害时,省、自治区、直辖市人民政府林业主管部门应当及时报告国务院林业主管部门。

第十五条　发生暴发性或者危险性的森林病虫害时,当地人民政府应当根据实际需要,组织有关部门建立森林病虫害防治临时指挥机构,负责制定紧急除治措施,协调解决工作中的重大问题。

第十六条　县级以上地方人民政府或者其林业主管部门应当制定除治的森林病虫害的实施计划,并组织好交界地区的联防联治,对除治情况定期检查。

第十七条　施药必须遵守有关规定,防止环境污染,保证人畜安全,减少杀伤有益生物。

使用航空器施药时,当地人民政府林业主管部门应当事先进行调查设计,做好地面准备工作,林业、民航、气象部门应当密切配合,保证作业质量。

第十八条　发生严重森林病虫害时,所需的防治药剂、器械、油料等,商业、供销、物资、石油化工等部门应当优先供应,铁路、交通、民航部门应当优先承运,民航部门应当优先安排航空器施药。

第十九条　森林病虫害防治费用,全民所有的森林和林木,依照国家有关规定,分别从育林基金、木竹销售收入、多种经营收入和事业费用解决;集体和个人所有的森林和林木,由经营者负担,地方各级人民政府可以给予适当扶持。

对暂时没有经济收入的森林、林木和长期没有经济收入的防护林、水源林、特用途林的森林经营单位和个人,其所需的森林病虫害防治费用由地方各级人民政府给予适当扶持。

发生大面积暴发性或者危险性病虫害,森林经营单位或者个人确实无力负担全部防治费用的,各级人民政府应当给予补助。

第二十条　国家在重点林区逐步实行森林病虫害保险制度,具体办法由中国人民保险公司同国务院林业主管部门制定。

3.3　国家造林技术规程

3.3.1　林种确定

1. 防护林

要因地制宜、因害设防营造防护林。

(1) 水源涵养林。在江河源头、山地丘陵、湖泊和水库周围应营造水源涵养林。

(2) 水土保持林。在容易引起水土流失的地带,为减缓地表径流,减少土壤侵蚀,防治滑坡和泥石流,保持和恢复土壤肥力,营造水土保持林。

(3) 防风固沙林。在流动、半固定沙地,受风沙危害的城镇、村庄、农田、牧场、工

矿区、公路、铁路、水利设施等周围，应营造防风固沙林。

（4）农田牧场防护林。受风沙（含干热风）危害的农田、经济林园、苗圃、草牧场应营造防护林，保障农牧业稳产高产。

（5）护路林和护岸林。在铁路公路两旁、河流渠道两侧、湖泊水库周围、海岸，应营造护路林和护岸林，也可与农田牧场防护林、防风固沙林、水土保持林、水源涵养林相结合设置。

2. 用材林

（1）选择立地条件较好的宜林地营造用材林。

（2）按经营水平营造一般用材林和集约经营用材林（即速生丰产用材林）。

（3）用材林实行定向培育，以提供建筑、纸浆、矿柱、人造板、家具等用材。

3. 经济林

在交通及经营管理较方便，土壤和水源条件较好的宜林地营造经济林，以生产干果、水果、食用油料、饮料、调料、香料、木本蔬菜、药材和工业原料等。

4. 薪炭林

在农村、牧区燃料短缺，薪材不足的地方，选择距居民点较近的宜林地营造薪炭林，也可通过封山（沙）育林和残次林改造发展薪炭林。

5. 特种用途林

为保护和美化环境、教学、科学试验、繁育良种和服务国防，营造风景林、试验林、种子园、母树林和国防林等。

3.3.2 树种选择

1. 基本原则

（1）坚持造林地立地条件与树种的生物学和生态学特性的一致性，做到适地、适树、适种源。

（2）根据造林目的选择树种（含品种，下同）。

（3）因地制宜地确定针叶树种和阔叶树种、乔木和灌木的合理比例，选择多树种造林，防止树种单一化。

（4）充分利用优良乡土树种，积极推广引进取得成效的优良树种。

（5）选择具有较好的稳定性、抗病虫害能力强的树种。

2. 树种选择要点

（1）防护林

1）应根据防护对象选择适宜树种，一般应具有生长快、防护性能好、抗逆性强、生长稳定等优良性状。

2）营造农田、经济林园、苗圃和草牧场防护林的主要树种还应具有树体高大、树冠适宜、深根性等特点。水湿地区的树种还应具有耐水湿的特性。经济林园防护林树种不能与林园树种有共同病虫害或其间寄主。

3) 严重风蚀、干旱地区，要注意选择根系发达、耐风蚀、干旱、沙压的树种。

(2) 用材林

1) 树种应具有生长快、干形通直、材质好等特性。

2) 对珍贵用材和具有特殊用途的树种也应有计划发展。

(3) 经济林

1) 应具有优质、高产的性状。

2) 根据市场需求，重点发展名、特、优、新品种。

(4) 薪炭林

1) 树种应具有生长快、生物量高、萌芽力强、热值高、燃烧性能好等特性。

2) 适应性强，在较差的宜林地条件下能正常生长。

(5) 特种用途林

树种应具备特种用途所要求的性状。

3.3.3 造林整地

1. 整地方法

(1) 穴状整地

1) 穴状整地是山地、丘陵、平原广泛采用的整地方法。山地陡坡、水蚀和风蚀严重地带更应采用。

2) 整地规格，穴的口径为 50～60 cm，速生丰产用材林、经济林及多草地带，整地规格应适当大些。

(2) 鱼鳞坑整地

1) 鱼鳞坑整地是干旱、半干旱地区采用的整地方法。

2) 鱼鳞坑为半圆形，外高内低，半径不小于 60 cm。

(3) 带状整地

1) 带状整地是山地、丘陵和北方草原地区重要的整地方法。

2) 山地丘陵带状整地要沿等高线进行，其形式有水平阶、水平槽、反坡梯田等。

3) 带状整地宽度 60 cm 以上，带长根据地形确定，不能过长，每隔一定距离应保留 0.5～1.0 m 自然植被。

(4) 全面整地

1) 下列情况可采用全面整地

①地势较平坦的。

②便于实行机械作业的。

③实行林农间作的。

④坡度在 25°以下、灌草茂密、不全面整地不便于营林生产的。

2）全面整地连片面积不能过大。山地、丘陵要适当保留山顶和山脊天然植被，坡长每30 m沿等高线保留3 m宽天然植被。

2. 整地深度

（1）针叶树造林整地深度应达到30 cm，北方干旱、半干旱地区应达到40 cm。

（2）阔叶树造林整地深度应大于40 cm。

（3）速生丰产用材林整地深度执行相应专业标准。经济林和四旁植树整地深度，根据造林树种和苗木大小确定。

3. 整地时间

（1）一般应在造林一个月前整好地。在有冻拔害的地区，可以不预先整地，造林时挖穴栽植。

（2）干旱、半干旱地区造林整地，应在雨季前或雨季进行。

（3）固定沙地和沙质土造林整地，应在大风季过后进行。

4. 流动沙地、半固定沙地造林整地必要时先设置沙障。

3.3.4 造林方法

1. 植苗造林

（1）植苗造林方式

1）挖穴栽植穴的大小和深度应略大于苗木根系。苗干要竖直，根系要舒展，深浅要适当，填土一半后提苗踩实，再填土踩实，最后覆上虚土。

2）开缝栽植松柏类小苗造林，在整好的造林地上用锄或锹开缝，放入苗木，深浅适当，不窝根，拔出工具，踏实土壤。

3）开沟栽植地势较平坦的造林地，用机械或人工开沟，苗木植于沟内，填土踏实。

（2）栽植深度。根据立地条件、土壤墒情和树种确定栽植深度，一般应略超过苗木根茎。干旱地区、沙质土壤和能产生不定根的树种可适当深栽。

（3）苗木处理。造林前根据树种、苗木特点和土壤墒情，对苗木进行剪梢、截干、修根、修枝、剪叶、摘芽、苗根浸水、蘸泥浆等处理；也可采用促根剂、蒸腾抑制剂和菌根制剂等新技术处理苗木。

（4）苗木都要分级造林。容器苗造林必须拆除根系不易穿透的容器。

2. 播种造林

（1）种子来源较充足，易于发芽生根并有一定抗旱性能的树种，在鸟兽危害较轻的地区，可采用播种造林。

（2）播种造林方式

1）人工播种造林。一般要先整地，墒情较好时采用穴播或条播，在操作困难的地段，可在雨季采用撒播。

2）飞机播种造林。在交通不便、宜林荒山、荒地、荒沙面积较大的地方进行，其具体要求按照 GB/T 15162 规定执行。

（3）播种量。根据种子质量、立地条件和造林密度确定。

（4）人工播种造林覆土厚度。穴播、条播覆土厚度，一般为种子直径的 3～5 倍，土壤黏重的可适当薄些，沙性土壤可适当厚些。

3. 分殖造林

（1）插条造林穗条应采用 1～2 年生优良萌条，插穗长度 30～50 cm，直径 1.5～2.0 cm。干旱地区应深埋少露。

（2）插干造林插干材料应采用截根苗干、萌生枝，长 3～3.5 m，干径 3 cm 以上。栽植深度在 50 cm 以上。干旱地区，地下水位 2 m 左右的宜林地，杨柳类树种可以钻孔插干深栽。

（3）分蔸造林竹类的主要造林方法。

3.3.5 造林季节

1. 春季造林

（1）应根据树种的物候期和土壤解冻情况适时安排造林，一般在树木发芽前完成。

（2）南方造林，土壤墒情好时应尽早进行。

（3）北方造林，土壤解冻到适宜深度即可进行。

2. 雨季造林

适宜飞机播种造林、小粒种子播种造林和容器苗造林。要注意雨情动态，适时造林。

3. 秋季造林

（1）冬季无冻拔为害的地区，可在秋末冬初造林。

（2）秋季适宜阔叶树植苗造林和大粒、硬壳、休眠期长、不耐储藏种子的播种造林。

4. 容器苗和带土坨苗木可不受季节限制，适时造林。造林季节天气干旱、土壤含水率过低、又无灌溉条件的，可延期造林。

3.3.6 抚育管护

1. 松土除草

（1）造林后应及时进行松土除草，与扶苗、除蔓等结合进行，做到除早、除小、除了，对穴外影响幼树生长的高密杂草，要及时割除。连续进行 3～5 年，每年 1～3 次。有冻拔害的地区，第一年以除草为主，可减少松土次数。

（2）松土除草应做到里浅外深，不伤害苗木根系，深度一般为 5～10 cm，干旱地区应深些，丘陵山区可结合抚育进行扩穴，增加营养面积。

（3）化学除草，根据不同树种和灌草种类，可选用适宜的化学除草剂除草。

2. 补植、补播

造林成活率不合格的造林地，应及时进行补植补播或重新造林。植苗造林的补植应用同龄大苗。飞播造林和封山（沙）育林地要根据成苗和成效情况适时进行必要的补植、补播。

3. 幼树管理

(1) 间苗。播种造林，在幼树生长稳定后，应进行1~2次间苗定株，使单位面积株数达到造林密度要求；薪炭林不需间苗。

(2) 根据林种和树种需要，应适时进行除蘖、修枝、整形等抚育工作。风沙危害严重地区的防风固沙林、农田防护林的树木要控制修枝。

(3) 平茬复壮。对具有萌芽能力的树种，因干旱、冻害、机械损伤以及病虫兽危害造成生长不良的，应及时平茬复壮。

(4) 混交林可采用修枝、平茬、间伐等措施调节各树种之间的关系，保证其正常生长。

4. 对新造林地要进行封禁保护，不准进入林地放牧和打柴，可以有计划地割草；易受冻、旱害的针叶树造林，当年冬季应采取覆土、盖草等防寒（旱）措施。

5. 要做好林木的病虫兽害防治工作。

6. 速生丰产用材林和经济林要集约经营，有条件的要适时灌溉、施肥和合理修枝。

7. 林农间作

(1) 林农间作方式

1) 以林为主方式。造林初期间种农作物，一般2~5年，以耕代抚，确保林木生长，要防止水土流失和土地沙化。林木郁闭后，停止间作。

2) 以农为主方式田间以行状、窄带状植树，长期实行间作。

(2) 间种作物和树种的选择。林地间种农作物，以矮秆豆类为宜，不应种植高秆和攀缘作物；田间种树，应选择深根性、枝叶较稀疏和经济价值高的树种。

单元测试题

一、单项选择题（下列每题的选项中，只有1个是正确的，请将其代号填在横线空白处）

1.《森林法》自_____开始施行。
  A. 1984年9月20日　　　　　　B. 1985年1月1日
  C. 1998年7月1日　　　　　　　D. 2000年5月1日

2. 黄浦江上游两岸营造的森林属_____。
  A. 护岸林　　B. 水土保持林　　C. 水源涵养林　　D. 风景林

3. 苗木松土除草深度一般在_____cm。
  A. 3~5　　B. 5~10　　C. 10~15　　D. 15~20

4. 个人违反采伐许可证规定，采伐的林木超过_____m³的属滥伐。
  A. 0.5　　B. 1　　C. 2　　D. 3

5. 阔叶林造林整地深度应达到_____cm以上。

A. 30　　　　　B. 40　　　　　C. 50　　　　　D. 80
6. 改变林地用途须经_____以上人民政府林业主管部门审核同意。
   A. 乡级　　　　B. 县级　　　　C. 市级　　　　D. 省级
7. 秋季适宜_____造林。
   A. 阔叶树　　　B. 针叶树　　　C. 种子　　　　D. 大乔木
8. 果树属于_____。
   A. 经济林　　　B. 特种用途林　C. 农田防护林　D. 母树林
9. 盗伐森林树苗20株，需责令补种_____。
   A. 100株　　　B. 200株　　　C. 300株　　　D. 500株
10. 穴状整地，口径规格一般在_____cm。
    A. 20~30　　　B. 30~50　　　C. 50~60　　　D. 100
11. 买卖采伐许可证等证件处以价款_____罚款。
    A. 1倍　　　　B. 1~3倍　　　C. 3~5倍　　　D. 5倍以上
12. 插条造林，穗条宜采用_____枝条。
    A. 当年生　　　B. 1~2年生　　C. 5年生　　　D. 多年生
13. 穴播、条播的覆土厚度一般为种子直径的_____倍。
    A. 1~2　　　　B. 2~3　　　　C. 3~5　　　　D. 5~8
14. 防护林宜选用_____的树种。
    A. 浅根系　　　B. 深根系　　　C. 耐水性　　　D. 能吸收有毒物质
15. 个人所有的森林和林木病虫害情况调查应由_____进行。
    A. 个人　　　　B. 乡镇林业站　C. 县植保站　　D. 县林业站
16. 《森林法》中的盗伐幼树数量较大是指盗伐_____幼树。
    A. 50~100株　　　　　　　　　B. 100~200株
    C. 200~300株　　　　　　　　D. 500株以上
17. 发现检疫对象应及时_____。
    A. 退回　　　　B. 扑灭　　　　C. 罚款　　　　D. 转运
18. 林业病虫害防治应提倡_____。
    A. 预防为主、综合治理　　　　B. 治早、治了
    C. 及时喷药、控制病虫　　　　D. 生物控制、不用农药

二、判断题（下列判断正确的请在题目后面的括号内打"√"，错误的打"×"）

1. 发现严重森林病虫害的单位和个人，应当及时向当地人民政府或林业主管部门报告。　　　　　　　　　　　　　　　　　　　　　　　　　　　　　（　　）
2. 隐瞒或者虚报森林病虫害情况，造成森林病虫害蔓延成灾的，有关部门应责令限期除治、赔偿损失，可以并处100~2 000元的罚款。　　　　　　　　　　（　　）
3. 森林病虫害防治是指对森林、林木、林木种苗及木材、竹材的病害和虫害的预防

和除治。　　　　　　　　　　　　　　　　　　　　　　（　　）
　　4. 混交林应采用修枝等措施，以调节各树种之间的关系。（　　）
　　5.《森林法》与《宪法》具有相同的法律地位。　　　　（　　）
　　6. 林权不稳是森林资源遭受破坏的唯一原因。　　　　　（　　）
　　7. 擅自砍伐自己承包经营的森林不属违法行为。　　　　（　　）
　　8. 一个林区宜选用同一树种，以免病虫害交错感染。　　（　　）
　　9. 发展名、特、优、新品种是营造经济林的一个基本原则。（　　）
　　10. 控制病虫害发生不属于制订造林设计方案时的必需内容。（　　）
　　11. 集体和个人所有的森林和林木，防治病虫害的费用主要由经营者自己负责。
　　　　　　　　　　　　　　　　　　　　　　　　　　　（　　）
　　12. 大面积造林可以用带有危险性病虫害的林木种苗进行育苗。（　　）
　　13. 森林病虫害的防治费用由经营者全部承担，地方各级政府不需要给予扶助。
　　　　　　　　　　　　　　　　　　　　　　　　　　　（　　）
　　14. 营造防护林应遵循因地制宜、因害设防的原则。　　　（　　）
　　15. 森林病虫害防治实行"谁经营，谁防治"的责任制度。（　　）
　　16. 造林设计方案必须有森林病虫害的防治措施。　　　　（　　）
　　17. 森林资源包括所有植物资源，但不包括相应的动物资源。（　　）
　　18. 阔叶树造林整地深度应达到 40 cm 以上。　　　　　（　　）
　　19. 挖穴栽植，穴的大小和深度应略大于苗木根系。　　　（　　）
　　20. 针叶树造林整地深度应达到 30 cm 以上。　　　　　（　　）
　　21. 提苗踏实是栽植树苗的重要步骤。　　　　　　　　　（　　）
　　22. 容器苗造林无须拆除育苗容器。　　　　　　　　　　（　　）
　　23. 穴播种子需覆土厚度为种子直径的 2 倍左右。　　　（　　）
　　24. 容器苗造林基本不受季节限制。　　　　　　　　　　（　　）
　　25.《森林法》中的幼树是指胸径 5 cm 以下的树木。　　（　　）
　　26. 无证运输木材属违法行为。　　　　　　　　　　　　（　　）
　　27. 植苗造林的补植应用同龄大苗。　　　　　　　　　　（　　）
　　28.《森林病虫害防治条例》规定的行政处罚，由乡镇级以上人民政府林业主管部门决定。　　　　　　　　　　　　　　　　　　　　　　　　（　　）
　　29. 农业部主管全国森林病虫害防治工作。　　　　　　　（　　）
　　30. 发现新传入的危险性病虫害，应当及时严密封锁消息，并将带病虫的苗木迅速移至他地。　　　　　　　　　　　　　　　　　　　　　　　　（　　）

● 三、多项选择题（下列每题的选项中，至少有 2 个是正确的，请将其代号填在横线空白处）

　　1. 林业建设的基本方针包括_____。

A. 以营林为基础　　　B. 普遍护林　　　C. 大力造林
   D. 采育结合　　　　　E. 永续利用
2. 树种选择的基本原则是_____。
   A. 坚持造林地立地条件与树种的生物学和生态学特性的一致性，做到适地、适树、适种源
   B. 根据造林目的选择树种
   C. 因地制宜地确定针叶树种与阔叶树种、乔木和灌木的合理比例，选择多树种造林，防止树种单一化
   D. 充分利用优良乡土树种，积极推广引进取得成效的优良树种
   E. 选择具有较好的稳定性、抗病虫害能力强的树种
3. 森林种类有_____。
   A. 防护林　　　　　　B. 用材林　　　　　C. 经济林
   D. 薪炭林　　　　　　E. 特种用途林
4. 《森林法》中的"珍贵树种"是指_____。
   A. 由省级以上林业主管部门或者其他部门确定的具有重大历史纪念意义、科学研究价值或者年代久远的古树名木
   B. 国家禁止、限制出口的珍贵树木以及列入国家重点保护野生植物名录的树木
   C. 由县市级以上林业主管部门或者其他部门确定的具有重大历史纪念意义、科学研究价值或者年代久远的古树名木
   D. 省级以上林业主管部门禁止、限制出口的珍贵树木以及列入国家重点保护野生植物名录的树木
   E. 国家禁止、限制出口的珍贵树木以及列入省级重点保护野生植物名录的树木

单元测试题答案

一、单项选择题
1. B　2. C　3. B　4. A　5. B　6. B　7. A　8. A　9. B　10. C
11. B　12. B　13. C　14. B　15. B　16. B　17. B　18. A

二、判断题
1. √　2. √　3. √　4. ×　5. ×　6. ×　7. ×　8. ×　9. √　10. ×
11. √　12. ×　13. ×　14. √　15. √　16. √　17. √　18. √　19. √　20. √
21. √　22. ×　23. ×　24. √　25. √　26. √　27. √　28. ×　29. ×　30. ×

三、多项选择题
1. ABCDE　2. ABCDE　3. ABCDE　4. AB

知识考核模拟试卷（一）

（考核时间：90 min）

一、单项选择题（下列每题的选项中，只有1个是正确的，请将其代号填在横线空白处；每题1分，共40分）

1. 扦插、压条是利用枝条、叶、根及地下茎等能产生_____的特点。
   A. 初生根　　　B. 不定根　　　C. 次生根　　　D. 三生根
2. 容器苗栽植时覆土厚度应盖过容器_____ cm 左右。
   A. 2　　　　　B. 5　　　　　C. 6　　　　　D. 8
3. 在实际工作中，进行群众性造林时，整地时间最好与_____。
   A. 农忙错开　　B. 农闲错开　　C. 节日错开　　D. 以上三项都是
4. 整地的时间一般来说除_____外，其他三季均可进行。
   A. 春季　　　　B. 夏季　　　　C. 秋季　　　　D. 冬季
5. _____能减少植物体内水分的散失，防止机械损伤和病虫侵入。
   A. 分泌组织　　B. 保护组织　　C. 输导组织　　D. 薄壁组织
6. 下列树种中，耐寒性最差的是_____。
   A. 雪松　　　　B. 湿地松　　　C. 罗汉松　　　D. 黑松
7. 叶到秋季会变成黄色或红色是因为_____。
   A. 叶片中叶绿素减少而黄色素和花青素等质体增加
   B. 叶片干枯了
   C. 叶片中只有黄色素和花青素
   D. 叶片中没有叶绿素
8. _____是我国多数地区的主要造林季节。
   A. 冬季　　　　B. 夏季　　　　C. 春季　　　　D. 秋季
9. 林火高发的林种是_____。
   A. 针叶林　　　B. 阔叶林　　　C. 混交林　　　D. 经济林
10. 具有分裂能力的细胞组织是_____。
    A. 分生组织　　B. 输导组织　　C. 保护组织　　D. 机械组织
11. 通常把果实分为肉质果和_____两类。
    A. 浆果　　　　B. 荚果　　　　C. 干果　　　　D. 单果
12. 根的主要功能是起_____作用。
    A. 储藏　　　　B. 吸收　　　　C. 合成　　　　D. 输导

13. 银杏不耐_____。
    A. 寒　　　　　B. 旱　　　　　C. 积水　　　　　D. 阳光
14. 由种子的胚根发育而成的根称为_____。
    A. 主根　　　　B. 侧根　　　　C. 支根　　　　　D. 须根
15. 栽植生长缓慢的针叶树，宜用_____。
    A. 小苗　　　　B. 大苗　　　　C. 实生苗　　　　D. 嫁接苗
16. 对苗木地上部分采取截干、修枝、剪叶主要是为了_____。
    A. 减少水分蒸发　B. 运输方便　　C. 及时造型　　　D. 收集资源
17. 上海市的市花是_____。
    A. 广玉兰　　　B. 紫玉兰　　　C. 二乔玉兰　　　D. 白玉兰
18. 具有攀缘功能的植物如紫藤、葡萄等，其茎不能直立生长，是依靠_____等器官攀缘他物而生长的。
    A. 不定根　　　B. 板状根　　　C. 卷须和气生根　D. 攀缘根
19. 下列树木中，树形呈尖塔形的是_____。
    A. 侧柏　　　　B. 水杉　　　　C. 黑松　　　　　D. 银杏
20. _____幼林生长的效果好。
    A. 全面整地　　B. 带状整地　　C. 块状整地　　　D. 条状整地
21. 下列树种中，叶最小的是_____。
    A. 垂柳　　　　B. 水杉　　　　C. 紫叶李　　　　D. 银杏
22. 香樟幼年树皮呈_____。
    A. 绿色、光滑　　　　　　　　B. 灰褐色、光滑
    C. 灰褐色、不规则纵裂　　　　D. 棕色、有裂纹
23. 白玉兰是_____。
    A. 先花后叶　B. 先叶后花　　C. 花叶同放　　　D. 季节交替
24. 下列植物中，_____的花为单生花。
    A. 牡丹、梅花　B. 牡丹、紫藤　C. 月季、紫藤　　D. 紫藤、唐菖蒲
25. 营造防护林多采用_____。
    A. 播种苗　　　B. 移植大苗　　C. 移植小苗　　　D. 营养繁殖苗
26. 整地的作用有改善立地条件、保持水土、减少幼林危害、便于造林施工和_____。
    A. 方便浇水　　　　　　　　　B. 提高造林成活率
    C. 便于机械化操作　　　　　　D. 便于施肥
27. 高温处理法属_____。
    A. 化学防治法　B. 物理防治法　C. 生物防治法　　D. 综合防治法
28. 下列昆虫中，_____属于地下害虫。

A. 刺蛾　　　　B. 蚜虫　　　　C. 小地老虎　　D. 蝗虫
29. 昆虫成虫一般具有_____。
   A. 二对足二对翅　　　　　　B. 三对足三对翅
   C. 二对翅三对足　　　　　　D. 四对足二对翅
30. 昆虫的足共由6节组成，转节与胫节之间，称为_____。
   A. 跗节　　　　B. 前跗节　　　C. 基节　　　　D. 腿节
31. 苗木猝倒病的病原大多是土壤习居菌，所以生产上强调_____防治。
   A. 药剂　　　　B. 管理　　　　C. 营林措施　　D. 土壤消毒
32. 林缘防火林带一般为_____m。
   A. 50～100　　B. 20～30　　　C. 30～50　　　D. 5～10
33. 苗木茎腐病菌喜好高温，生长最适温度为_____℃。
   A. 30～32　　　B. 25～35　　　C. 28～30　　　D. 30～38
34. 下列昆虫中，_____是刺吸性害虫。
   A. 大蓑蛾　　　B. 蚧类　　　　C. 天牛　　　　D. 金龟子
35. 食物诱杀害虫是利用害虫的_____。
   A. 趋温性　　　B. 趋化性　　　C. 趋光性　　　D. 趋干性
36. 星天牛是以_____在树木的木质部内越冬。
   A. 幼虫　　　　B. 幼虫、成虫　C. 蛹　　　　　D. 卵、幼虫
37. 土壤中大孔隙多，有利于_____。
   A. 保蓄水分　　B. 保持养分　　C. 通气　　　　D. 保温
38. 在地下设暗管或用砖石砌沟，借以排除积水的方法，称为_____。
   A. 明沟排水　　B. 暗管沟排水　C. 地面排水　　D. 立体排水
39. 穴播、条播的覆土厚度一般为种子直径的_____倍。
   A. 1～2　　　　B. 2～3　　　　C. 3～5　　　　D. 5～8
40. 阔叶林造林整地深度应达到_____cm以上。
   A. 30　　　　　B. 40　　　　　C. 50　　　　　D. 80

二、判断题（下列判断正确的请打"√"，错误的打"×"；每题1分，共50分）
1. 叶有单叶和复叶之分。　　　　　　　　　　　　　　　　　　　　（　　）
2. 茎、叶、花是植物的营养器官。　　　　　　　　　　　　　　　　（　　）
3. 贴梗海棠花梗极短，近无梗。　　　　　　　　　　　　　　　　　（　　）
4. 林木地上部分的叶子都是真叶。　　　　　　　　　　　　　　　　（　　）
5. 锦带花花序聚伞状，花冠呈漏斗状钟形。　　　　　　　　　　　　（　　）
6. 孝顺竹是我国丛生竹类中最耐寒的竹种。　　　　　　　　　　　　（　　）
7. 实生苗造林宜使用沾根肥。　　　　　　　　　　　　　　　　　　（　　）
8. 整地的深度在干旱地区应适当深些。　　　　　　　　　　　　　　（　　）

9. 林木出现落叶，必是秋天来临。   （   ）
10. 穴植法常用于栽植侧根发达的苗木。   （   ）
11. 紫叶李叶片初时绿色，后呈紫色。   （   ）
12. 器苗造林可不受造林季节限制。   （   ）
13. 造林整地时宜采用机械化操作。   （   ）
14. 生长较快的阔叶树可在苗高4～6 cm时进行间苗。   （   ）
15. 桃树属于常绿小乔木。   （   ）
16. 树木包括乔木、灌木、木质藤本以及竹类。   （   ）
17. 柳杉是喜光树种，能耐大风。   （   ）
18. 松土除草应做到"三不伤，两净，一培土"。   （   ）
19. 导管存在于被子植物的木质部。   （   ）
20. 棕榈树体单干不分枝。   （   ）
21. 与黏土相比较，沙土的保水、保肥性差。   （   ）
22. 杜鹃适宜在微酸性的土壤中生长。   （   ）
23. 赤眼蜂、金小蜂、草蛉等都是天敌昆虫，应加以保护利用。   （   ）
24. 居民点防火林带一般设置为10～30 m。   （   ）
25. 红蜡蚧以若虫和成虫群集枝叶为害，并以蛹在树枝上越冬。   （   ）
26. 利用金龟子的假死性采取震落杀死的方法称为捕杀法。   （   ）
27. 刺蛾以幼虫在茧内越冬。   （   ）
28. 林木幼年树施用基肥时，可采用环状施肥法。   （   ）
29. 土壤中空气孔隙越多，则土壤的通气性能越好。   （   ）
30. 引起药害的农药不能混用，对人畜的毒性增高的不能混用。   （   ）
31. 螨类不是昆虫。   （   ）
32. 瓢虫都是有益的天敌昆虫。   （   ）
33. 人为火源是引起森林火灾最主要的火源。   （   ）
34. 土壤中掺加泥炭、醋渣、酒糟、绿矾等可提高土壤的酸度。   （   ）
35. 过磷酸钙适宜与有机肥料混合使用。   （   ）
36. 防火林带的树种应该选择抗火性能强、适应本地生长的树种。   （   ）
37. 常年向土壤中施用有机肥料，土壤质地就会改变。   （   ）
38. 同种昆虫大量个体高密度聚集在一起的现象称为群集性。   （   ）
39. 杨树黑斑病在湿度适宜、雨水较多的季节发生、发展较快。   （   ）
40. 非侵染性病害又称生理性病害。   （   ）
41. 小地老虎1年中以第一代幼虫为害最轻。   （   ）
42. 上海地区造林，由于地下水位高，所以排水比灌溉更重要。   （   ）
43. 长期使用的水泵应固定在厚木板上。   （   ）

44. 农药中的油剂不可与水稀释使用。（   ）
45. 植苗造林的补植应用同龄大苗。（   ）
46. 发展名、特、优、新品种是营造经济林的一个基本原则。（   ）
47. 挖穴栽植，穴的大小和深度应略大于苗木根系。（   ）
48. 提苗踏实是栽植树苗的重要步骤。（   ）
49. 森林病虫害防治实行"谁经营，谁防治"的责任制度。（   ）
50. 大面积造林可以用带有危险性病虫害的林木种苗进行育苗。（   ）

三、多项选择题（下列每题的选项中，至少有2个是正确的，请将其代号填在横线空白处；每题2分，共10分）

1. 穴植法栽苗成活的技术关键是_____。
   A. 穴大根舒　　　　　B. 深浅适当　　　　　C. 根土密接
   D. 穴深根舒　　　　　E. 穴浅根舒

2. 高等植物的器官主要有_____。
   A. 根、茎、叶等营养器官
   B. 花、果实、种子等生殖器官
   C. 根、茎、叶等营养器官和花、果实、种子等生殖器官
   D. 根、茎、花等营养器官和叶、果实、种子等生殖器官
   E. 根、茎、叶等生殖器官和花、果实、种子等营养器官

3. 林木施肥的基本原则有_____。
   A. 基肥为主，追肥为辅　　　　B. 追肥为主，基肥为辅
   C. 基肥追肥兼施　　　　　　　D. "看天、看地、看植物"施肥
   E. "看天、看地、看人"施肥

4. 土壤团粒结构是一种良好的土壤结构，它能_____。
   A. 协调水分与空气的矛盾　　　B. 协调保肥与供肥性能
   C. 稳定土壤温度，调节土壤冷热状况
   D. 改良耕性，有利于植物根系生长　　E. 提高土壤温度

5. 森林种类有_____。
   A. 防护林　　　　　B. 用材林　　　　　C. 经济林
   D. 薪炭林　　　　　E. 特种用途林

知识考核模拟试卷（二）

（考核时间：90 min）

一、单项选择题（下列每题的选项中，只有1个是正确的，请将其代号填在横线空白处；每题1分，共40分）

1. 乌桕穗状花序_____。
   A. 顶生　　　B. 簇生　　　C. 侧生　　　D. 腋生
2. 裸根苗栽植深度一般比在苗圃地时的根茎处深_____cm。
   A. 2~3　　　B. 5~6　　　C. 7~8　　　D. 9~10
3. 锦带花花冠呈漏斗状钟形，端_____裂。
   A. 3　　　　B. 4　　　　C. 5　　　　D. 7
4. 提前整地一般是提前_____。
   A. 1个月　　B. 2个月　　C. 1~2季节　D. 1年
5. 种子萌芽时，胚芽_____。
   A. 长成幼苗的根　B. 储藏养分　C. 输送养分　D. 长成幼苗的茎和叶
6. 鸡爪槭叶呈_____。
   A. 掌状浅裂　B. 掌状深裂　C. 羽状浅裂　D. 羽状深裂
7. 榉树树冠呈_____。
   A. 宝塔形　　B. 广圆形　　C. 倒卵状伞形　D. 平顶形
8. 苗木标准包括苗木品质和_____等几个方面。
   A. 苗木年龄　B. 苗木种类　C. 苗木类型　D. 苗木处理
9. 上海地区降水有明显的季节变化，雨量最多一般在_____。
   A. 春雨季节　B. 梅雨季节　C. 秋雨季节　D. 冬季
10. 植物细胞的基本结构是由原生质体、液泡和_____三部分构成的。
    A. 细胞质　　B. 细胞核　　C. 细胞壁　　D. 叶绿体
11. 我国的植树节定在_____。
    A. 3月10日　B. 3月12日　C. 3月15日　D. 3月18日
12. 苗木栽植时最好应_____。
    A. 假植　　　B. 切根　　　C. 随起随栽　D. 隔一天后再栽植
13. 构造生物有机体的基本单位是_____。
    A. 器官　　　B. 组织　　　C. 细胞　　　D. 分子
14. 针叶树间苗宜在_____进行。

A. 第1年　　B. 第2～4年　　C. 第5年前后　　D. 半年后

15. 种子一般是由_____、胚乳和种皮几部分组成。
    A. 果皮　　B. 胚皮　　C. 胚　　D. 子叶

16. 下列树种中，树冠不呈塔形的是_____。
    A. 水杉　　B. 雪松　　C. 湿地松　　D. 银杏

17. 茎的主要功能是起_____作用。
    A. 吸收　　B. 合成　　C. 输导　　D. 生长

18. 贴梗海棠花簇生于_____枝条上。
    A. 一年生　　B. 二年生　　C. 多年生　　D. 一二年生

19. _____是生产上应用最普遍的一种栽植方法。
    A. 裸根苗　　B. 带土苗　　C. 容器苗　　D. 无土栽培苗

20. 植物的下列器官中，_____属于生殖器官。
    A. 根、叶、果实　　　　　　B. 花、果实、种子
    C. 花、茎、叶　　　　　　　D. 种子、茎、叶

21. 栽植_____有利于病虫害控制。
    A. 单一林　　B. 混交林　　C. 疏林　　D. 密林

22. 朴树的叶脉为_____。
    A. 羽状脉　　B. 三出脉　　C. 掌状脉　　D. 五出脉

23. 林火高发的林种是_____。
    A. 针叶林　　B. 阔叶林　　C. 混交林　　D. 经济林

24. 整地的时间一般来说除_____外，其他三季均可进行。
    A. 春季　　B. 夏季　　C. 秋季　　D. 冬季

25. _____幼林生长的效果好。
    A. 全面整地　　B. 带状整地　　C. 块状整地　　D. 条状整地

26. 营造防护林多采用_____。
    A. 播种苗　　B. 移植大苗　　C. 移植小苗　　D. 营养繁殖苗

27. 黄刺蛾在上海地区一年发生_____代。
    A. 1　　B. 2　　C. 3　　D. 4

28. 在华东地区刺蛾的生活史一般是_____。
    A. 一年一代　　B. 一年两代　　C. 两年一代　　D. 一年三代

29. 测得下列3种土壤的pH值，其中属于中性的土壤是_____。
    A. pH=8.5　　B. pH=7.0　　C. pH=5.5　　D. pH=4.0

30. 要配制托布津1 000倍液200 kg防治林木病害，需用_____kg托布津。
    A. 0.1　　B. 0.2　　C. 0.3　　D. 0.4

31. 大多数蛾类有_____。

A. 趋温性　　B. 趋光性　　C. 趋干性　　D. 趋化性

32. 苗木根癌病是由_____引起的。
    A. 真菌　　　B. 细菌　　　C. 病毒　　　D. 线虫

33. 在大多数耕作层土壤中，以创造_____结构最为重要。
    A. 柱状　　　B. 片状　　　C. 团粒　　　D. 粒状

34. _____是防治林木病虫害最基本的防治方法。
    A. 化学防治法　　　　　　B. 林业技术防治法
    C. 物理防治法　　　　　　D. 生物防治法

35. 蛴螬是_____的幼虫。
    A. 天牛　　　B. 地老虎　　C. 金龟子　　D. 蝉

36. 目前_____喷灌系统在我国应用较多。
    A. 固定式　　B. 移动式　　C. 半固定式　D. 自走式

37. 在植物苗木出土1～2片真叶时开始喷_____，可防治植物黑斑病。
    A. 敌敌畏　　B. 波尔多液　C. 草甘膦　　D. 粉锈宁

38. 土壤有机质在分解过程中会_____养分。
    A. 吸收　　　B. 储存　　　C. 消耗　　　D. 释放

39. 盗伐森林树苗20株，需责令补种_____。
    A. 100株　　B. 200株　　C. 300株　　D. 500株

40. 《森林法》中的盗伐幼树数量较大是指盗伐_____幼树。
    A. 50～100株　B. 100～200株　C. 200～300株　D. 500株以上

二、**判断题**（下列判断正确的请打"√"，错误的打"×"；每题1分，共50分）

1. 阴雨天植苗造林不宜存活。　　　　　　　　　　　　　　　　　　（　　）
2. 柏木耐干旱瘠薄土壤。　　　　　　　　　　　　　　　　　　　　（　　）
3. 紫玉兰可作嫁接白玉兰的砧木。　　　　　　　　　　　　　　　　（　　）
4. 提前整地最好是在整地和造林之间有一个降水较多的季节。　　　　（　　）
5. 蜡梅树高可达5 m，属落叶大乔木，为最好的冬季观花香花树种。　（　　）
6. 一切有机体都是由细胞构成的。　　　　　　　　　　　　　　　　（　　）
7. 银杏叶片折扇形，有长柄。　　　　　　　　　　　　　　　　　　（　　）
8. 带土苗在挖掘运输过程中，对土球不用包扎。　　　　　　　　　　（　　）
9. 植苗造林成活的关键在于保持苗木体内的水分平衡。　　　　　　　（　　）
10. 桧柏叶2型，幼时全为鳞叶，老树全为刺叶。　　　　　　　　　　（　　）
11. 梧桐树树皮绿色，浅裂。　　　　　　　　　　　　　　　　　　　（　　）
12. 种子播种得到的树苗称为实生苗。　　　　　　　　　　　　　　　（　　）
13. 被子植物和裸子植物都有构造完善的花。　　　　　　　　　　　　（　　）
14. 大多数双子叶植物的根系是须根系。　　　　　　　　　　　　　　（　　）

15. 重阳木果实为棕褐色球形浆果。（ ）
16. 摘芽应在侧芽全部萌出后进行。（ ）
17. 植物体的长高、增粗主要是顶端分生组织细胞分裂、生长和分化的结果。
（ ）
18. 箬竹的叶片比一般的竹叶宽大。（ ）
19. 营造风景林、经济林时，为了在短期内见到成效，多用大苗。（ ）
20. 银杏对气候及土壤的适应性较强，喜光、耐寒、耐旱、耐积水。（ ）
21. 苗木猝倒病仅由侵染性病原所引起。（ ）
22. 放射状施肥法多用于成年树的施肥。（ ）
23. 排水是防涝保树的主要措施。（ ）
24. 林区道路是林区的交通线，同时又是林火的阻隔带。（ ）
25. 每种植物处于不同的生长发育时期，对养分的需要是有差别的。（ ）
26. 我国土壤 pH 值在地理分布上有"南酸北碱"的规律。（ ）
27. 石硫合剂是一种既能防治病害又能杀虫的农药。（ ）
28. 防治病虫害时，施药浓度越浓越好。（ ）
29. 农药中的粉剂有时可以作为喷雾施用。（ ）
30. 孔隙度大的土壤一定比孔隙度小的土壤疏松。（ ）
31. 林地土壤要比盆栽土壤有更丰富的营养成分。（ ）
32. 过磷酸钙是中性肥料。（ ）
33. 枫杨是中性树种。（ ）
34. 多施有机肥，土壤会变得疏松。（ ）
35. 呋喃丹可施于土壤中来防治蝼蛄、小地老虎、蛴螬。（ ）
36. 我国森林病虫害的防治工作方针是"预防为主，综合治理"。（ ）
37. 氮、磷、钾三种元素，主要是因为树木的需要量较多，所以称为肥料的三要素。
（ ）
38. 非侵染性病害会传染蔓延。（ ）
39. 大多数树木喜欢生长在 pH 值为 6.8~7.2 的土壤中。（ ）
40. 杨树黑斑病在湿度适宜、雨水较多的季节发生严重。（ ）
41. 线虫是昆虫。（ ）
42. 土壤颗粒越细、小孔隙越多，则土壤排水能力越弱。（ ）
43. 朱砂叶螨又名棉红蜘蛛，在上海地区 1 年中为害最严重的季节是早春。（ ）
44. 昆虫的头部是感觉和取食的中心。（ ）
45. 穴播种子需覆土厚度为种子直径的两倍左右。（ ）
46. 林权不稳是森林资源遭受破坏的唯一原因。（ ）
47. 《森林法》中的幼树是指胸径 5 cm 以下的树木。（ ）

48. 森林资源包括所有植物资源，但不包括相应的动物资源。（　　）
49. 《森林法》与《宪法》具有相同的法律地位。（　　）
50. 容器苗造林无须拆除育苗容器。（　　）

三、多项选择题（下列每题的选项中，至少有2个是正确的，请将其代号填在横线空白处；每题2分，共10分）

1. 木本植物按生长习性一般可分为_____四类。
   A. 乔木　　　　　B. 灌木　　　　　C. 木质藤本
   D. 竹类　　　　　　　　　　　　　E. 花卉

2. 根系有_____两种类型。
   A. 直根系　　　　B. 须根系　　　　C. 主根系
   D. 侧根系　　　　　　　　　　　　E. 支根系

3. 苗木猝倒病在上海地区4—6月发生较严重，它有_____症状类型。
   A. 种芽腐烂型　　B. 茎叶腐烂型　　C. 幼苗猝倒型
   D. 苗木立枯型　　　　　　　　　　E. 苗木腐烂型

4. 小地老虎的防治方法主要有_____。
   A. 诱杀成虫，可利用其趋光性及趋化性用黑光灯或糖醋液诱杀
   B. 用50%辛硫磷1 500倍液等泼浇根系，200～300 mL/根
   C. 清洁田园
   D. 清晨人工捕捉幼虫
   E. 中午人工捕捉幼虫

5. 林业建设的基本方针包括_____。
   A. 以营林为基础　B. 普遍护林　　　C. 大力造林
   D. 采育结合　　　E. 永续利用

知识考核模拟试卷（一）答案

一、单项选择题

1. B 2. A 3. A 4. D 5. B 6. C 7. A 8. C 9. A 10. A 11. C 12. B 13. C 14. A 15. B 16. A 17. D 18. C 19. B 20. A 21. B 22. A 23. A 24. A 25. B 26. B 27. B 28. C 29. C 30. D 31. C 32. B 33. A 34. C 35. B 36. A 37. C 38. B 39. C 40. B

二、判断题

1. √ 2. × 3. √ 4. × 5. √ 6. √ 7. √ 8. √ 9. × 10. √ 11. √ 12. √ 13. √ 14. √ 15. × 16. √ 17. × 18. √ 19. √ 20. √ 21. √ 22. √ 23. √ 24. × 25. × 26. √ 27. √ 28. √ 29. √ 30. √ 31. √ 32. × 33. × 34. √ 35. √ 36. √ 37. × 38. √ 39. √ 40. √ 41. × 42. √ 43. × 44. √ 45. √ 46. √ 47. √ 48. √ 49. √ 50. ×

三、多项选择题

1. ABC 2. ABC 3. ACD 4. ABCD 5. ABCDE

知识考核模拟试卷（二）答案

一、单项选择题

1. A　2. A　3. C　4. C　5. D　6. B　7. C　8. A　9. B　10. C　11. B　12. C　13. C
14. B　15. C　16. C　17. C　18. B　19. A　20. B　21. B　22. B　23. A　24. D　25. A
26. B　27. B　28. B　29. B　30. B　31. B　32. B　33. C　34. B　35. C　36. A　37. B
38. D　39. B　40. B

二、判断题

1. ×　2. √　3. √　4. √　5. ×　6. √　7. √　8. √　9. √　10. √　11. √　12. √
13. ×　14. ×　15. √　16. ×　17. √　18. √　19. √　20. √　21. √　22. √　23. √
24. √　25. √　26. √　27. √　28. ×　29. √　30. √　31. √　32. √　33. √　34. √
35. √　36. √　37. ×　38. ×　39. √　40. √　41. ×　42. √　43. ×　44. √　45. ×
46. ×　47. √　48. ×　49. ×　50. ×

三、多项选择题

1. ABCD　2. AB　3. ABCD　4. ABCD　5. ABCDE

技能考核模拟试卷（一）

一、总分：100 分

二、考试时间：90 min

三、题目

1. 常见森林植物及其病虫害的识别（20 分；30 min）

(1) 操作条件

1) 林场或 60～70 m² 教室。

2) 放置实物或标本的操作台若干。

3) 识别用的树木的带叶枝条及病虫害实物（或标本）。

(2) 操作内容

1) 识别针叶树：常绿树木 3 种，落叶树木 2 种。

2) 识别阔叶树：常绿树木 15 种，落叶树木 14 种。

3) 识别藤本与竹类植物 1 种。

4) 识别常见树木病虫害 5 种。

5) 常见树木及树木病虫害种类

①树木种类

针叶树：银杏、雪松、湿地松、五针松、水杉、池杉、柳杉、杉木、圆柏、柏木、罗汉松。

阔叶树：白玉兰、紫玉兰、广玉兰、欧美杨、垂柳、悬铃木、梧桐、泡桐、枫杨、榆树、榉树、朴树、构树、苦楝、香椿、臭椿、乌桕、香樟、桂花、女贞、鸡爪槭、重阳木、珊瑚树、合欢、蚊母、丁香、马褂木、紫叶李、含笑、蜡梅、小叶黄杨、大叶黄杨、紫薇、紫荆、木槿、木芙蓉、山茶、石楠。

藤本与竹类：紫藤、孝顺竹。

②常见病虫害

病害：树木煤污病、大叶黄杨炭疽病、苗木根癌病、苗木猝倒病、苗木茎腐病、樟树炭疽病。

害虫：黄刺蛾、蚜虫、红蜡蚧、朱砂叶螨、星天牛、小地老虎、蛴螬。

(3) 操作要求

1) 按序书面回答所提供的树木的植物学名称（中文）。
2) 按序书面回答所提供的病虫害名称（中文）。

2. 树木的带土球移植（中小型落叶针叶树）(40分；30 min)

（1）操作条件

1) 中小型落叶针叶树1株/人。
2) 选择无雨的天气。
3) 移植铲1把/人、浇水桶、草绳、运输工具若干。

（2）操作内容

1) 起苗、包扎、运输。
2) 挖坑。
3) 栽植。

（3）操作要求。土球大小、形状相宜，正确挖掘、包扎，运输安全，合理栽植，操作文明安全。

3. 根外追肥（尿素：浓度为0.2%的500 mL叶面喷施）(40分；30 min)

（1）操作条件

1) 护林工5级相关的理论知识和操作技能。
2) 尿素。
3) 天平、烧杯、量筒、玻璃棒。
4) 喷桶。

（2）操作内容

1) 根据浓度计算肥料用量及称量。（浓度为：0.2%，500 mL）。
2) 肥料溶液的配制。
3) 根外追肥的实施。
4) 操作场地清理。

（3）操作要求

1) 根据浓度，正确计算肥料用量。
2) 正确称取肥料。
3) 正确配制肥料溶液。
4) 采取正确的方法进行喷施。
5) 操作完成，场地清理干净，器具按原样整理好。

技能考核模拟试卷（二）

一、总分：100 分

二、考试时间：90 min

三、题目

1. 常见森林植物及其病虫害的识别（20 分；30 min）

（1）操作条件

1) 60～70 m^2 多媒体教室一间。

2) 森林植物及其病虫害的识别图片四套。

3) 整套多媒体教学设备（计算机、投影仪、投影幕）。

（2）操作内容

1) 识别针叶树：常绿树木 3 种、落叶树木 2 种。

2) 识别阔叶树：常绿树木 15 种、落叶树木 14 种。

3) 识别藤本植物 1 种。

4) 识别常见树木病虫害 5 种。

5) 常见树木及树木病虫害种类

①树木种类

针叶树：银杏、雪松、湿地松、五针松、水杉、池杉、柳杉、杉木、圆柏、柏木、罗汉松。

阔叶树：白玉兰、紫玉兰、广玉兰、欧美杨、垂柳、悬铃木、梧桐、泡桐、枫杨、榆树、榉树、朴树、构树、苦楝、香椿、臭椿、乌桕、香樟、桂花、女贞、鸡爪槭、重阳木、珊瑚树、合欢、蚊母、丁香、马褂木、紫叶李、含笑、蜡梅、小叶黄杨、大叶黄杨、紫薇、紫荆、木槿、木芙蓉、山茶、石楠。

藤本与竹类植物：紫藤、孝顺竹。

②常见病虫害

病害：树木煤污病、大叶黄杨炭疽病、苗木根癌病、苗木猝倒病、苗木茎腐病、樟树炭疽病。

害虫：黄刺蛾、蚜虫、红蜡蚧、朱砂叶螨、星天牛、小地老虎、蛴螬。

（3）操作要求

1）按序书面回答所提供的树木的植物学名称（中文）。
2）按序书面回答所提供的病虫害名称（中文）。

2. 树木的修剪技术（中型灌木）(40分；30 min)

(1) 操作条件

1) 中型灌木1株/人。
2) 选择无雨的天气。
3) 修枝剪1把/人。
4) 手锯1把/人。

(2) 操作内容

1) 修剪方法。
2) 修剪的轻重程度。
3) 修剪效果。
4) 操作熟练程度。
5) 文明操作与安全。

(3) 操作要求

1) 修剪方法正确，剪口处理得当。
2) 修剪程度适宜，疏枝、留枝、截枝与树种、树势相适应。
3) 修剪效果：造型美观、枝条分布得当。
4) 在规定时间内完成。
5) 操作文明安全。

3. 手提贮压式干粉灭火器的使用技术（40分；30 min）

(1) 操作条件

1) 手提贮压式干粉灭火器。
2) 干柴。

(2) 操作内容

1) 使用程序。
2) 喷射方向。
3) 操作熟练程度。
4) 文明安全操作。

(3) 操作要求

1) 使用程序：拔去保险销，喷口对准火源，按下阀门压把，喷射，扑救灭火。
2) 喷射方向：顺风喷射，喷射出的干粉迅速扫向火源根部，左右摆动喷射灭火。
3) 操作熟练程度：迅速、准确灭火。
4) 文明安全操作：安全规范操作、工完清场。

技能考核模拟试卷(一)评分表及答案

1. 常见森林植物及其病虫害的识别试题评分表

评价要素	配分	等级	评分细则	评定等级 A	B	C	D	得分
1. 植物名称 中文名称为植物学名称（不能有错别字，有错别字算错误）	15	A	全部正确					
		B	有1~5种名称错误					
		C	有6~10种名称错误					
		D	有10种以上名称错误					
2. 病虫害名称 中文名称（不能有错别字，有错别字算错误）	5	A	全部正确					
		B	有1种名称错误					
		C	有2种名称错误					
		D	有3种名称错误					
合计配分	20		合计得分					

考评员（签名）：

等级	A（优）	B（良）	C（尚可）	D（差）
比值	1.0	0.8	0.6	0

"评价要素"得分=配分×等级比值

2. 树木的带土球移植（中小型落叶针叶树）试题评分表

评价要素	配分	等级	评分细则	评定等级 A	B	C	D	得分
1. 土球规格 大小、形状相宜，上大下小呈苹果状，厚度为直径的2/3左右	4	A	大小、形状、厚度合理					
		B	大小、形状、厚度有一项不合理					
		C	大小、形状、厚度有两项不合理					
		D	大小、形状、厚度都不合理					

续表

评价要素	配分	等级	评分细则	评定等级 A	B	C	D	得分
2.挖掘	土球匀称；球面光滑、整齐；掏底正确，动作熟练	8	A	土球匀称、光滑，掏底正确					
			B	匀称、光滑、掏底有一项不合理					
			C	匀称、光滑、掏底有两项不合理					
			D	匀称、光滑、掏底都不合理					
3.包扎	草绳湿软；单股单轴均过球底中心；腰绳扎牢	6	A	材料湿软、扎法正确、腰绳扎牢					
			B	材料、扎法、扎牢有一项不合理					
			C	材料、扎法、扎牢有两项不合理					
			D	材料、扎法、扎牢都不合理					
4.运输	随挖随运；安全运输；不伤土球和树木	4	A	随挖随运；安全运输；不伤对象					
			B	及时、运输、不伤对象有一项不合理					
			C	及时、运输、不伤对象有两项不合理					
			D	及时、运输、不伤对象都不合理					
5.挖坑	大小与土球规格相宜（比土球大0~30 cm）；坑面光滑平整；生土、熟土分开堆放	6	A	大小相宜、坑面光平、分开堆放					
			B	大小、坑面、堆放有一项不合理					
			C	大小、坑面、堆放有两项不合理					
			D	大小、坑面、堆放都不合理					
6.栽植	朝向正确；分层夯实、深度适宜；培土、浇水合理	8	A	朝向自然、夯实得当、养护合理					
			B	朝向、夯实、养护有一项不合理					
			C	朝向、夯实、养护有两项不合理					
			D	朝向、夯实、养护都不合理					
7.文明安全操作	无浪费；无损伤；清场自觉、符合规范要求、文明操作与安全	4	A	无浪费、无损伤、清场自觉，安全					
			B	无浪费、无损伤、安全清场有一项不合理					
			C	无浪费、无损伤、安全清场有两项不合理					
			D	无浪费、无损伤、安全清场都不合理					
合计配分	40		合计得分					

考评员（签名）：

等级	A（优）	B（良）	C（尚可）	D（差）
比值	1.0	0.8	0.6	0

"评价要素"得分＝配分×等级比值

3. 根外追肥（尿素：浓度为0.2％的500 mL叶面喷施）试题评分表

评价要素		配分	等级	评分细则	评定等级 A	B	C	D	得分
1. 计算与称量	根据浓度，正确计算肥料用量1 g，正确称取肥料	12	A	用量计算和称量准确					
			B	用量计算和称量误差在10％内					
			C	用量计算和称量误差在10％～20％					
			D	用量计算和称量误差在20％以上					
2. 配制方法	正确配制肥料溶液（0.2％，500 mL）	12	A	配制方法正确、操作熟练					
			B	配制方法比较规范、熟练					
			C	配制方法基本正确					
			D	配制方法不正确					
3. 喷施方法	采取正确的方法进行喷施	12	A	喷施方法正确、操作熟练					
			B	喷施方法比较正确、熟练					
			C	喷施方法基本正确					
			D	喷施方法不正确					
4. 文明操作与工效	操作完成，场地清理干净，器具按原样整理好	4	A	操作文明安全，工完场清、提前2 min完成					
			B	操作较文明安全，场地整理清洁、提前1 min完成					
			C	操作较文明安全，有少量垃圾、在规定时间内完成					
			D	操作野蛮，场地不清理或超时1 min以上					
合计配分		40		合计得分					

考评员（签名）：

等级	A（优）	B（良）	C（尚可）	D（差）
比值	1.0	0.8	0.6	0

"评价要素"得分＝配分×等级比值

技能考核模拟试卷（二）评分表及答案

1. 常见森林植物及其病虫害的识别试题评分表

评价要素	配分	等级	评分细则	评定等级				得分
				A	B	C	D	
1.植物名称	中文名称为植物学名称（不能有错别字，有错别字算错误）	15	A	全部正确					
			B	有1~5种名称错误					
			C	有6~10种名称错误					
			D	有10种以上名称错误					
2.病虫害名称	中文名称（不能有错别字，有错别字算错误）	5	A	全部正确					
			B	有1种名称错误					
			C	有2种名称错误					
			D	有3种名称错误					
合计配分	20		合计得分					

考评员（签名）：

等级	A（优）	B（良）	C（尚可）	D（差）
比值	1.0	0.8	0.6	0

"评价要素"得分＝配分×等级比值

2. 树木的修剪技术（中型灌木）试题评分表

评价要素	配分	等级	评分细则	评定等级			得分
				A	B	C	D	
1.修剪方法	修剪方法正确，剪口处理得当	10	A	方法正确，动作规范				
			B	方法较正确，动作较规范				
			C	有部分小失误				
			D	方法错误，动作不规范				

续表

评价要素		配分	等级	评分细则	评定等级				得分
					A	B	C	D	
2. 修剪程度	修剪程度适宜，疏枝、留枝、截枝与树种、树势相适应	7	A	修剪程度合理，轻重恰当					
			B	修剪程度较合理，轻重较恰当					
			C	修剪偏轻或偏重					
			D	修剪程度明显不当					
3. 修剪效果	造型美观、枝条分布得当	15	A	疏密得当，外形美观					
			B	外形符合要求					
			C	外形基本符合规范和要求					
			D	疏密严重偏差，外形失调					
4. 操作熟练程度	在规定时间内完成	5	A	操作熟练，在规定时间内完成					
			B	操作比较熟练，在规定时间内完成					
			C	超时 2 min 以内					
			D	超时超过 2 min					
5. 操作安全，场地清理	操作文明安全	3	A	操作安全文明，工完场清					
			B	操作较文明，场地整理清洁					
			C	操作较文明，有少量垃圾					
			D	操作野蛮，没有清扫					
合计配分		40		合计得分					

考评员（签名）：

等级	A（优）	B（良）	C（尚可）	D（差）
比值	1.0	0.8	0.6	0

"评价要素"得分＝配分×等级比值

3. 手提贮压式干粉灭火器的使用技术试题评分表

评价要素		配分	等级	评分细则	评定等级				得分
					A	B	C	D	
1. 使用程序	使用程序：拔去保险销，喷口对准火源，按下阀门压把，喷射，扑救灭火	20	A	操作规范、动作准确、灭火迅速					
			B	操作规范、动作准确、灭火较缓慢					
			C	操作规范、动作准确但较生疏					
			D	未拔去保险销或未按下阀门压把					

续表

评价要素	配分	等级	评分细则	评定等级 A	B	C	D	得分
2.喷射方向	喷射方向：顺风喷射，喷射出的干粉迅速扫向火源根部，左右摆动喷射灭火	10	A	顺风喷射、喷口对准火源根部、左右摆动					
			B	顺风喷射、喷口对准火源根部、未左右摆动					
			C	顺风喷射、左右摆动、喷口对准火源但未达根部					
			D	逆风喷射或喷口未对准火源					
3.操作熟练程度	操作熟练程度：迅速、准确灭火	6	A	操作熟练、提前3 min完成					
			B	操作较熟练、提前2 min完成					
			C	14~15 min完成					
			D	超时完成					
4.文明安全操作	文明安全操作：安全规范操作、工完清场	4	A	操作安全文明，工完场清					
			B	操作较文明，场地整理清洁					
			C	操作较文明，有少量垃圾					
			D	操作野蛮，没有清场					
合计配分	40			合计得分					

考评员（签名）：

等级	A（优）	B（良）	C（尚可）	D（差）
比值	1.0	0.8	0.6	0

"评价要素"得分＝配分×等级比值

参 考 文 献

1. 张天麟. 园林树木1 200种. 北京：中国建筑工业出版社，2005
2. 吴时英主编. 城市森林病虫害图鉴. 上海科学技术出版社，2005
3. 黄云鹏主编. 森林培育. 北京：高等教育出版社，2002
4. 关继东主编. 森林病虫害防治. 北京：高等教育出版社，2002
5. 张力，王洪杰主编. 林业政策法规. 北京：高等教育出版社，2002
6. 北京市农业学校主编. 植物及植物生理. 北京：中国农业出版社，1980
7. 南京林业学校主编. 园林树木学. 北京：中国林业出版社，1994
8. 江苏省淮阴农业学校主编. 土壤肥料学. 北京：中国农业出版社，1994
9. 马凯，陈素梅，周武忠. 城市树木栽培与养护. 南京：东南大学出版社，2003
10. 杨子琦，曹华国主编. 园林植物病虫害防治图鉴. 北京：中国林业出版社，2002